KB161938
Cupcake Recipes
컵케이크 레시피

Cupcake Recipes
컵케이크 레시피

Cupcake Recipes
컵케이크 레시피

Cupcake Recipes

컵케이크 레시피

초판 인쇄 2018년 11월 2일
초판 발행 2018년 11월 5일

지은이 조한지

펴낸이 진수진
펴낸곳 푸드파이터TV
발행처 혜민북스

주소 경기도 고양시 일산서구 하이파크 3로 61
출판등록 2013년 5월 30일 제2013-000078호
전화 031-949-3418
팩스 031-949-3419
홈페이지 www.foodfighttv.com

Cupcake Recipes

컵케이크 레시피

조한지 지음

Cupcake Recipes

•PROLOGUE•

컵케이크 레시피를 열며

요즈음 우리나라의 디저트 문화 속에서 컵케이크가 서서히 자리 잡아가고 많은 분들이 사랑과 관심을 보내고 있는 시기인 것 같습니다.
조그만 파티에서, 축하받는 자리에서, 그리고 주고받는 기념일 선물에 직접 만든 컵케이크만큼 예쁘고 정성스런 선물이 또 어디 있을까 라는 생각이 듭니다.

여러 매체를 통해 컵케이크를 접해 보신 분들이 점점 많아지면서 많은 분들이 컵케이크를 직접 만들어보는 데 흥미를 가지고 계시다는 걸 알았고, 만족도 역시 높다는 걸 보면서 좀 더 예쁘고 색다르고 편하게 즐길 수 있는 컵케이크를 쉽고 간단하게 집에서 만들 수 있게 책을 내게 되었습니다.

다양한 재료와 나만의 모양으로 만들어내는 컵케이크는 자기만의 개성을 드러낼 수 있기에 좀 더 많은 분들이 함께 만들고 즐기는 문화가 될 수 있을 것입니다. 책을 만들기 위해 만든 케이크들과 지난 시간들을 돌아보면 개인적으로는 아쉬운 마음도 들지만, 이 책을 접하는 분들께서 레시피를 유용하게 사용할 수 있기를 바라는 마음이 더 큽니다.

취미로 시작한 베이킹이 이런 결실을 맺게 되기까지의 노력이 많은 분들에게 도움이 되길 바라며, 제게 베이킹 분야의 일을 할 수 있도록 길을 터주신 홍종흔 기능장님과 정영택 원장님께 진심으로 감사의 말씀드리고 싶습니다.

또한 출판할 수 있도록 기다려주시고 도와주신 출판사 관계자분들과 항상 제가 가고 있는 길을 지켜보고 있을 여러 지인 분들, 특히나 옆에서 작업하는 내내 신경 써준 내동생 현아와 은승이, 그리고 저의 케이크를 사랑해주시고 좋아해주시는 여러 분들께 감사의 마음 전합니다.

2013년 조한지 anny(B.D)

CONTENTS

MAKING SWEET CUPCAKES

컵케이크를 만들기 위한 준비사항

•CHOCOLATE•

달콤하고 사랑스러운 초콜릿 컵케이크

•FRUIT•

상큼하고 깔끔한 과일 컵케이크

•CEREALS•

건강하고 몸에 좋은 곡물 컵케이크

•ANNIVERSARY•

특별한 날 특별한 사람들과 즐기는 컵케이크

I Love You
Be Mine

PART 01

• MAKING SWEET CUPCAKES •

컵케이크를 만들기 위한 준비사항

STEP 01

컵케이크를 만들기 전에 준비해야 할 몇 가지

1. 컵케이크 재료는 모두 실온에 미리 내어 놓아야 한다.

① 버터

냉장고에서 바로 꺼내서 작업을 하려면 거품기로 젓기가 힘들고 설탕이나 달걀과 섞이기도 어렵기 때문에 너무 단단하다 싶으면 전자레인지에 살짝 약 5초 정도만 돌려서 녹지 않은 상태에서 작업을 시작한다.

② 달걀

버터와 설탕을 넣어 크림화시킨 다음 차가운 달걀을 넣으면 버터가 굳어버리므로 실온 상태의 달걀을 사용한다. 달걀의 온도 역시 실온에 맞춰 놓아야 한다. 너무 차가울 경우에는 따뜻한 물에 담가서 온도를 높여준 다음 사용한다.

③ 우유

차가운 우유를 넣은 경우에도 역시 버터나 초콜릿 같은 재료들이 반죽 중에 굳어버려서 작업하기가 어려워지므로 실온에 미리 내어놓고 사용한다.

④ 밀가루

밀가루는 재료 준비할 때 미리 체 쳐 놓아서 가루 사이에 공기가 들어가 가볍고 뭉친 알갱이가 없게 만든다.

2. 재료 섞는 과정에서의 유의사항

① 실온 버터는 거품기로 충분히 저어서 가볍고 뽀얀 색이 될 때까지 저어 준다. 그래야 케이크가 가볍고 부드러운 맛을 낼 수 있다.

② 달걀을 넣을 때는 항상 노른자를 먼저 넣어 유화제의 역할을 충분히 할 수 있게끔 섞은 다음 흰자를 서너 번 나눠 넣어가면서 섞어야 분리되지 않고 잘 섞인다.

③ 가루를 섞을 때에는 너무 많이 섞게 되면 글루텐이 형성되어 질겨지고 반죽이 꺼지므로 최대한 가볍게 빨리 섞어 준다.

④ 충전물은 항상 맨 마지막 단계에서 넣고 살짝 섞어 준다. 너무 많이 저으면 반죽에 공기가 다 빠져나가서 가볍고 부드러운 맛이 나질 않는다.

3. 컵케이크 팬에 반죽을 담을 때 유의사항

① 아이스크림 스쿱으로 한 스쿱씩 떠서 담아도 되고 짤주머니에 넣어서 짜도 된다. 이때 반죽마다 부풀어 오르는 양이 다르긴 하지만 대체적으로 ⅔ 정도 넣으면 된다. 베이킹파우더나 베이킹소다가 들어 있지 않은 반죽은 잘 부풀지 않으므로 좀 더 넣어도 된다.

② 반죽 위에 토핑을 올려서 구울 경우에는 과일이나 견과류 등을 반죽 위에 살짝 올린 후 눌러주어야 구운 다음에도 잘 안 떨어진다.

STEP **02**

홈베이킹 기본 재료

- **밀가루** 단백질함량 7~13%를 기준으로 함량이 적은 것부터 박력분, 중력분, 강력분으로 나뉜다.
  밀가루의 단백질은 물과 치댈수록 끈기가 생기는데 단백질 함량이 적은 박력분은 끈기가 적은 쿠키나 케이크에 주로 사용하고 끈기가 많아야 하는 빵에는 강력분을 주로 사용한다.
  일반적으로 가정에서는 다목적용이라는 중력분을 사용하는데, 이 책은 케이크레시피라 박력분을 주로 사용하지만 중력분을 사용해도 무방하다.
  케이크 반죽에도 끈기나 수분을 위해 중력분이나 강력분을 섞어서 사용하기도 한다.

- **당** 백설탕과 갈색설탕, 그리고 슈거파우더 등으로 나눌 수 있다. 슈거파우더는 분당이라고도 하는데, 설탕을 분말형태로 만들고 소량의 전분이 포함되어 케이크를 장식하거나 수분이 적은 쿠키나 디저트에 사용한다.
  백설탕을 대부분 사용한다. 갈색설탕은 색이 있기 때문에 생크림케이크나 머랭 등을 만들 때에는 어울리지 않는다. 비중이 무겁고 버터가 많이 들어간 케이크에 주로 사용한다.

- **베이킹파우더와 베이킹소다** 모두 케이크를 부풀릴 때 사용하는 재료이다. 탄산수소나트륨이 열에 의해서 탄산가스를 발생시키는데, 이 원리에 의해 케이크의 반죽이 부푸는 것이다.

또한 탄산나트륨은 열에 의해 분해되지 않고 그대로 남아 반죽의 착색을 좋게 해 주는 역할을 하므로 흑설탕이나 초콜릿이 들어간 케이크에는 보다 선명한 색을 내기 위해 사용하기도 한다.
케이크 만들 때는 극소량이 들어가므로 명시된 양을 지켜 탄산나트륨의 독특한 향과 쓴맛이 나지 않도록 주의한다.

• **달걀** 보통 달걀 하나를 기준으로 50~60g으로 환산한다. 난황은 유수분을 섞는데 유화제 역할을 하므로 충분히 천천히 섞으면서 저어 주어야 한다. 난백은 많이 저을수록 기포가 생기는데 설탕을 넣어 머랭을 만들 수 있다. 달걀을 사용할 때는 미리 실온에 꺼내 놓아야 버터나 기타 재료와 온도가 맞아 잘 섞일 수 있다.

• **유지** 무염버터와 가염버터로 나누어져 있다. 베이킹을 할 때 사용하는 버터는 모두 무염버터를 사용한다. 실온에 놓아두어 포마드 상태로 만든 후 사용하며, 녹인 버터는 전자레인지나 중탕을 이용하여 녹여둔 버터를 사용한다. 동물성 유지인 버터는 가공버터와 퓨어버터로 나뉘는데, 일반적으로 소량 다른 첨가물이 들어간 가공버터가 시판되고 있다. 식물성유지인 마가린이나 식물성 오일을 사용할 수도 있다.

• **크림** 동물성크림과 식물성크림으로 나눌 수 있다. 유지방 100%인 동물성 생크림은 무스나 케이크 만들 때 사용하기도 하며, 아이싱할 때 사용한다. 그러나 안정적이지 못해서 성형성이 나빠 오래 모양을 유지하지 못하며, 질감이 매끄럽지 못하나 고소하고 진한 맛이 난다.
식물성크림은 성형성이 좋아 일반적으로 널리 사용한다. 색소를 넣어도 안정적이며 질감도 매끄럽고 좋아서 모양도 좋고 유지도 오래 된다.

• **너트류** 너트류는 산화하기가 쉬워서 구입하면 바로 물로 깨끗이 씻은 후 볶거나 오븐에 구워 안 좋은 향을 날려버린 후 사용한다. 헤이즐넛, 아몬드, 피스타치오, 피칸, 호두, 마카다미아, 코코넛 등이 있다.

- **건과류** 과일은 제철과일을 사용하거나 냉동과일을 사용할 수 있으나, 건과일을 사용하면 쿠키나 파운드케이크에도 사용할 수 있다.

- **초콜릿** 다크초콜릿과 밀크초콜릿, 화이트초콜릿으로 나눌 수 있다. 카카오매스와 카카오버터, 설탕으로 만들어진 초콜릿은 카카오의 함량에 따라 가격과 맛이 다르다.

- **식용색소** 색만 나게 해주는 색소와 천연향이 들어간 맛과 색이 같이 나는 색소 등 종류가 많이 있다. 크림에 섞을 때는 천연의 경우 산성과 지방이 만나서 분리되는 경우가 있기 때문에 잘 선택하여 사용하여야 한다.

STEP 03

홈베이킹 기본 도구

① **일회용 짤주머니** 롤로 되어 있어 하나씩 위생적으로 쓸 수 있다.

② **계량컵** 반죽에 들어갈 재료들을 계량한다.

③ **깍지** 크림을 짤 때 여러가지 모양을 낼 수 있다.

④ **고무주걱** 반죽을 섞거나 깔끔하게 덜어낼 때 사용한다.

⑤ **스패튤러** 일반적으로 케이크 아이싱할 때 일자나 L자형을 사용하는데 컵케이크에는 작은 L자형을 주로 사용한다.

⑥ **계량스푼** 소량의 가루나 액체를 계량할 때 사용한다.

⑦ **거품기** 버터를 크림화시키는 과정에 주로 사용하고 핸디용 자동거품기를 사용하거나 믹싱기를 사용할 수도 있다.

STEP 04

컵케이크 토핑

Sprinkles

① 곰 ② 돌고래 ③ 삼색 하트 ④ 소
⑤ 공룡 ⑥ 별&달 ⑦ 스타 ⑧ 멀티컬러 하트
⑨ 미니어처 플라워 ⑩ 파스텔 스타 ⑪ 미니어터 하트 ⑫ 레인보우 jimmies

① kissing Lips sprinkles ② Jelly Beans ③ Chocolate ④ M&M's
⑤ 초코크런치 ⑥ 레인보우 볼 ⑦ 블루베리크런치 ⑧ 딸기초콜릿
⑨ 우박설탕 ⑩ 모카빈초콜릿 ⑪ 진주초콜릿 ⑫ 밀크초콜릿

① 라벤다 스파클링 슈거 ② 펄라이즈드 슈거 ③ 라이즈드 슈거 ④ 미니어처 레드&핑크 하트 스프링클
⑤ 화이트슈거 진주 ⑥ 블루슈거 진주 ⑦ 그린슈거 진주 ⑧ 그린슈거 진주
⑨ 점보 꽃모양 스프링클 ⑩ 초코 스프링클 jimmies ⑪ 샌드슈거 옐로 ⑫ 샌드슈거 핑그

STEP 05

크림 만들기

생크림 만들기

동물성 생크림 500mℓ • 설탕 50g

① 믹싱볼 아래 얼음을 대고 충분히 차가운 상태에서 휘핑기로 생크림과 설탕을 넣고 거품을 올린다.

② 자동 핸드믹서를 이용하거나 믹싱기를 이용하여 거품기로 저어 준다.

③ 줄줄 흘러내리면 아이싱을 할 수 없기 때문에 어느 정도 단단한 되기가 될 때까지 올린다.

④ 지나치면 거품이 푸석해지므로 휘핑기로 크림을 찍었을 때 크림 끝이 살짝 휘는 정도까지 올려 준다.

식물성크림은 설탕을 넣지 않아도 가미가 되어 있어 그냥 차갑게 거품을 올린다.

버터크림 만들기

계란흰자 80g • 백설탕 120g • 물 40g • 버터 300g

흰자를 이용한 버터크림은 깔끔하고 가벼운 식감이라서 먹기 좋다.

① 실온에 둔 버터를 풀어 놓는다.

② 계란흰자를 거품기로 저어 거품이 나게 만든다.

③ 설탕에 물을 넣은 후 120℃ 정도까지 끓인다. 젓지 말고 가만히 녹여서 시럽을 만든다.

④ 시럽에 거품이 방울방울 올라오면서 끓으면 불에서 내린다.

⑤ 거품이 난 흰자에 조금씩 시럽을 흘려 넣는다. 갑자기 많이 넣으면 흰자가 익어 버리므로 볼의 벽면을 타고 조금씩 흘리면서 거품을 낸다.

⑥ 단단하게 머랭이 각이 설 정도가 되면 차갑게 식힌 다음 실온에 풀어 놓은 버터를 넣고 섞는다.

⑦ 따뜻할 때 버터를 넣으면 녹아 버리므로 완전히 식은 다음 버터를 섞는다.

가장 쉽게 만들 수 있는 버터크림은 실온에 놓아 둔 버터와 슈거파우더를 되기와 단맛을 봐가면서 섞어 준다. 또는 단풍나무시럽을 넣어서 버터의 되기를 조절하여 달콤하고 향긋한 버터크림을 만들 수도 있다.

크림치즈

플레인 크림치즈에 슈거파우더나 단풍나무시럽 또는 아가베시럽 등을 넣어 되기와 단맛을 조절해 가면서 만든다.

크림치즈

요거트 크림치즈 – 크림치즈 100g , 플레인요거트 100g
너츠 크림치즈 – 크림치즈 200g, 아몬드, 호두 등 견과류 1TB, 꿀 1TB
녹차 크림치즈 – 크림치즈 200g, 녹차가루 20g

STEP 06

아이싱 만들기

아이싱 준비

크림
식용색소
고무주걱
깍지와 짤주머니
스패튤러

① 기본 아이싱은 별깍지를 이용하여 아이스크림 모양으로 크림을 짜는데 컵케이크의 윗면 테두리 안에서 안쪽으로 둥글게 원을 그리면서 짜준다.

② 윗면을 둥글게 만들어 글씨를 쓰거나 픽을 꽂거나 장식할 수 있는 아이싱이다.
스패튤러만을 이용하여 아이싱한다.

③ 둥근 깍지를 이용하여 부드러운 모양의 아이싱을 한다.

Delicious Homemade Cupcakes

cadeau royal

PART 02

• CHOCOLATE •

달콤하고 사랑스러운 초콜릿 컵케이크

01 화이트초콜릿 & 바닐라 컵케이크

바닐라케이크에 달콤한 화이트초콜릿을 넣은 사랑스런 컵케이크

재료

실온에 둔 무염버터 • 150g
설탕 • 150g
박력분 • 175g
달걀 • 3ea
바닐라익스트랙 • 1ts
화이트초콜릿칩 • 50g

만들기

1 • 오븐은 미리 180℃로 예열해 놓는다.

2 • 베이킹 머핀팬 12구짜리에 유산지를 깔아 놓는다.

3 • 버터와 설탕, 달걀, 체 친 박력분과 바닐라익스트랙을 넣고 한꺼번에 부드러워질 때까지 잘 섞는다.

4 • 골고루 잘 섞일 때까지 섞어 주고 마지막에 화이트초콜릿칩을 넣고 가볍게 섞는다.

5 • 짤주머니에 반죽을 넣고 유산지의 ⅔ 정도 반죽을 채운다.

6 • 예열된 오븐에 넣고 약 20분 정도 굽는다.

7 • 시간이 되면 이쑤시개나 꼬치로 가운데를 찔러본 후 반죽이 묻어나오지 않으면 다 익었으므로 꺼낸다.

8 • 완전히 식은 후에 아이싱을 한다.

02 카푸치노 컵케이크

카푸치노처럼 부드러운 커피맛의 컵케이크

재료

인스턴트커피가루 · 3ts
뜨거운 물 · 2ts
실온에 둔 무염버터 · 175g
갈색설탕 · 175g
코코아파우더 · 2TB
박력분 · 175g
베이킹파우더 · ½ts
달걀 · 3ea

만들기

1 · 오븐은 미리 180℃로 예열해 놓는다.

2 · 베이킹 머핀팬 12구짜리에 유산지를 깔아 놓는다.

3 · 뜨거운 물에 인스턴트커피파우더를 녹인다.

4 · 믹싱볼에 버터, 설탕, 체 친 코코아파우더, 체 친 밀가루, 베이킹파우더, 달걀을 넣고 섞는다.

5 · 잘 섞인 반죽에 커피 녹인 물을 넣어 주면서 섞는다.

6 · 짤주머니에 반죽을 넣고 유산지의 ⅔ 정도 반죽을 채운다.

7 · 예열된 오븐에 넣고 약 20분 정도 굽는다.

8 · 시간이 되면 이쑤시개나 꼬치로 가운데를 찔러본 후 반죽이 묻어나오지 않으면 다 익었으므로 꺼낸다.

9 · 완전히 식은 후에 아이싱을 한다.

03 초콜릿 컵케이크

깊은 초콜릿 맛을 느낄 수 있는 초콜릿 컵케이크

재료

초콜릿 · 25g
실온에 둔 무염버터 · 125g
설탕 · 125g
박력분 · 150g
코코아파우더 · 2TB
달걀 · 2ea

만들기

1 · 오븐은 미리 180℃로 예열해 놓는다.

2 · 베이킹 머핀팬 12구짜리에 유산지를 깔아 놓는다.

3 · 중탕으로 초콜릿을 녹인 후 식힌다.

*볼에 물을 끓인 후 그 위 다른 볼에 초콜릿을 넣고 녹이거나 전자레인지에 약하게 돌려서 타지 않게 녹여 준다.

4 · 버터와 설탕, 달걀, 체 친 박력분과 코코아가루를 넣고 한 번에 부드러워질 때까지 잘 섞는다.

5 · 골고루 잘 섞일 때까지 섞어 주고 마지막에 녹여 놓은 초콜릿을 넣고 가볍게 섞는다.

6 · 짤주머니에 반죽을 넣고 유산지의 ⅔ 정도 반죽을 채운다.

7 · 예열된 오븐에 넣고 약 20분 정도 굽는다.

8 · 시간이 되면 이쑤시개나 꼬치로 가운데를 찔러본 후 반죽이 묻어나오지 않으면 다 익었으므로 꺼낸다.

9 · 완전히 식은 후에 아이싱을 올린다.

04 초코메이플시럽 컵케이크

단풍나무 시럽의 달콤함이 사르르 녹는 컵케이크

재료

박력분 · 300g
베이킹파우더 · 1ts
갈색설탕 · 125g
달걀 · 1ea
메이플시럽 · 50mℓ
우유 · 250mℓ
녹여 놓은 무염버터 · 50g
밀크초콜릿칩 · 125g
아몬드슬라이스 · 75g

만들기

1 · 오븐은 미리 200℃로 예열해 놓는다.
2 · 베이킹 머핀팬 12구짜리에 유산지를 깔아 놓는다.
3 · 믹싱볼에 체 친 밀가루, 베이킹파우더를 섞은 후 설탕을 넣는다.
4 · 다른 볼에 달걀을 넣고 풀어 준 다음 메이플시럽, 우유, 녹인 버터를 넣고 섞는다.
5 · 달걀반죽에 가루반죽을 넣고 잘 섞는다.
6 · 초콜릿과 아몬드슬라이스를 반죽에 섞는다.
7 · 짤주머니에 반죽을 넣고 유산지의 ⅔ 정도 반죽을 채운다.
8 · 예열된 오븐에 넣고 약 20분 정도 굽는다.
9 · 시간이 되면 이쑤시개나 꼬치로 가운데를 찔러본 후 반죽이 묻어나오지 않으면 다 익었으므로 꺼낸다.
10 · 완전히 식은 후에 아이싱을 한다.

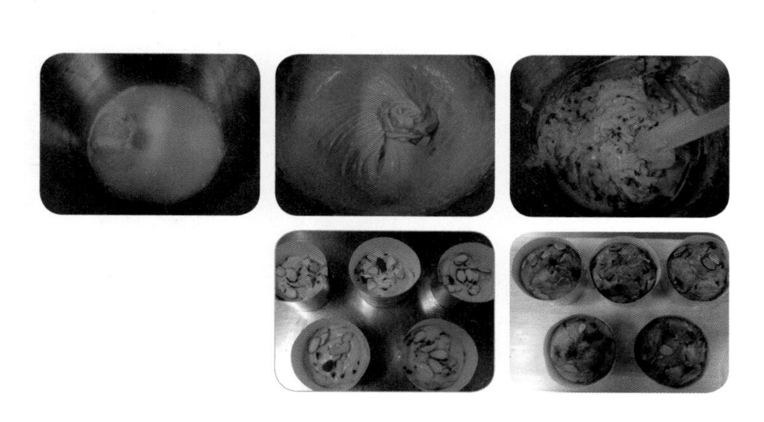

05 멜티드초콜릿 컵케이크

케이크 속에서 나오는 초콜릿과 케이크를 같이 먹는 달콤한 컵케이크

재료

실온에 둔 무염버터 · 110g
설탕 · 100g
달걀 · 2ea
박력분 · 170g
코코아파우더 · 2TB
가나슈

만들기

1 · 오븐은 미리 190℃로 예열해 놓는다.

2 · 베이킹 머핀팬 12구짜리에 유산지를 깔아 놓는다.

3 · 믹싱볼에 버터와 설탕, 달걀, 체 친 밀가루, 코코아파우더를 넣고 함께 부드러워질 때까지 섞는다.

4 · 짤주머니에 반죽을 넣고 유산지의 ⅔ 정도 반죽을 채운다.

5 · 예열된 오븐에 넣고 약 20분 정도 굽는다.

6 · 시간이 되면 이쑤시개나 꼬치로 가운데를 찔러본 후 반죽이 묻어나오지 않으면 다 익었으므로 꺼낸다.

7 · 초콜릿 100g을 중탕으로 녹인다. 여기에 따뜻하게 데운 생크림 200g을 조금씩 넣으면서 저어 준다.

*한 번에 섞으면 분리될 수 있고 생크림이 차면 초콜릿이 굳으므로 데워서 온도를 비슷하게 만든 다음 섞어 준다. 이렇게 만든 가나슈를 식힌다.

8 · 식은 컵케이크를 꺼내 속을 한 스푼 정도 파내고 그 속에 만들어 놓은 가나슈를 넣는다.

9 · 속에 차면 파낸 케이크 윗부분만 잘라서 덮은 후 아이싱을 한다.

*차가운 쇼콜라퐁당처럼 먹을 수 있다. 아이싱을 바닐라아이스크림으로 해도 색다르다.

06 월넛초코 컵케이크

고소한 호두와 달콤한 초코칩이 씹히는 컵케이크

재료

호두 다진 것 · 75g
박력분 · 250g
베이킹파우더 · 1ts
갈색설탕 · 125g
달걀 · 1ea
메이플시럽 · 50mℓ
우유 · 250mℓ
녹인 무염버터 · 50g
다크초콜릿칩 · 100g

만들기

1 · 오븐은 미리 200℃로 예열해 놓는다.
2 · 베이킹 머핀팬 12구짜리에 유산지를 깔아 놓는다.
3 · 호두를 믹서에 갈아서 가루로 만들어 놓는다.
4 · 믹싱볼에 체 친 밀가루와 베이킹파우더를 섞은 다음 갈아 놓은 호두가루와 설탕을 넣고 잘 섞는다.
5 · 다른 볼에 달걀을 푼 다음 메이플시럽, 우유, 녹인 버터를 넣고 잘 섞는다.
6 · 달걀반죽에 가루반죽을 넣고 골고루 섞는다.
7 · 마지막에 초콜릿칩을 넣고 섞는다.
8 · 짤주머니에 반죽을 넣고 유산지의 ⅔ 정도 반죽을 채운다.
9 · 예열된 오븐에 넣고 약 20분 정도 굽는다.
10 · 시간이 되면 이쑤시개나 꼬치로 가운데를 찔러본 후 반죽이 묻어나오지 않으면 다 익었으므로 꺼낸다.
11 · 완전히 식은 후에 아이싱을 한다.

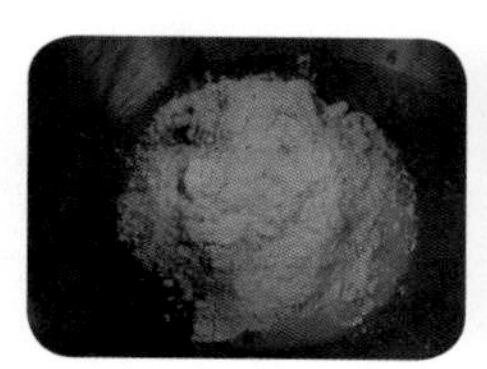

화이트초콜릿 컵케이크

화이트초콜릿칩이 입안에 퍼지는 사랑스러운 컵케이크

재료

실온에 둔 무염버터 • 150g
설탕 • 150g
박력분 • 175g
바닐라익스트랙 • 1ts
달걀 • 3ea
화이트초콜릿칩 • 50g

만들기

1 • 오븐은 미리 180℃로 예열해 놓는다.

2 • 베이킹 머핀팬 12구짜리에 유산지를 깔아 놓는다.

3 • 믹싱볼에 버터를 넣고 풀어 준 후 설탕, 달걀, 바닐라익스트랙과 체 친 밀가루를 핸드믹서로 약 1~2분간 크리미하게 될 때까지 섞는다.

4 • 화이트초콜릿칩을 넣고 섞는다.

5 • 짤주머니에 반죽을 넣고 유산지의 ⅔ 정도 반죽을 채운다.

6 • 예열된 오븐에 넣고 약 20분 정도 굽는다.

7 • 시간이 되면 이쑤시개나 꼬치로 가운데를 찔러본 후 반죽이 묻어나오지 않으면 다 익었으므로 꺼낸다.

8 • 완전히 식은 후에 아이싱을 한다.

Nous aimons faire des
Et je
pour que vous

08 화이트초콜릿 & 민트 컵케이크

달콤한 초콜릿과 시원한 민트잎이 잘 어우러지는 컵케이크

재료

민트잎 • 8g
설탕 • 100g
실온에 둔 무염버터 • 125g
달걀 • 2ea
박력분 • 150g
베이킹파우더 • ½ts
화이트초콜릿칩 • 175g

만들기

1 • 오븐은 미리 180℃로 예열해 놓는다.
2 • 베이킹 머핀팬 12구짜리에 유산지를 깔아 놓는다.
3 • 민트잎을 뜨거운 물에 담가서 약 30초 정도 불린다.
4 • 키친타월로 닦아낸 다음 믹서에 설탕과 민트잎을 같이 넣고 간다.
5 • 믹싱기에 버터, 민트설탕, 달걀, 체 친 밀가루, 베이킹파우더를 넣고 핸드믹서로 크림처럼 될 때까지 섞는다.
6 • 100g의 화이트초콜릿칩을 반죽에 넣고 섞는다.
7 • 짤주머니에 반죽을 넣고 유산지의 ⅔ 정도 반죽을 채운다.
8 • 반죽 위에 남은 화이트초콜릿칩을 뿌린다.
9 • 예열된 오븐에 넣고 약 20분 정도 굽는다.
10 • 시간이 되면 이쑤시개나 꼬치로 가운데를 찔러본 후 반죽이 묻어나오지 않으면 다 익었으므로 꺼낸다.
11 • 완전히 식은 후에 아이싱을 한다.

respecter les formes

09 브라우니 컵케이크

초콜릿과 호두가 들어 있는 브라우니 컵케이크

재료

밀크초콜릿 · 100g
호두칩 · 100g
플레인초콜릿 · 200g
실온에 둔 무염버터 · 150g
달걀 · 3ea
갈색설탕 · 200g
박력분 · 125g
베이킹파우더 · ½ts

만들기

1 · 오븐은 미리 190℃로 예열해 놓는다.

2 · 베이킹 머핀팬 12구짜리에 유산지를 깔아 놓는다.

3 · 플레인초콜릿과 버터를 중탕으로 녹이거나 전자레인지에 넣고 녹인다.

4 · 믹싱볼에 달걀과 설탕을 넣고 휘핑한 다음, 녹인 초콜릿과 버터를 넣고 섞는다.

5 · 체 친 밀가루와 베이킹파우더를 넣고 같이 섞는다.

6 · 마지막에 밀크초콜릿칩과 호두를 넣고 섞는다.

7 · 짤주머니에 반죽을 넣고 유산지의 ⅔ 정도 반죽을 채운다.

8 · 예열된 오븐에 넣고 약 18분 정도 굽는다.

9 · 시간이 되면 이쑤시개나 꼬치로 가운데를 찔러본 후 반죽이 묻어나오지 않으면 다 익었으므로 꺼낸다.

10 · 완전히 식은 후에 아이싱을 한다.

11 · 너무 많이 익히면 수분이 날아가므로 주의한다.

10 페어 & 초콜릿 컵케이크

국산 배를 넣어 달콤촉촉한 맛과
초콜릿이 환상적인 컵케이크

재료

다크초콜릿 · 75g
실온에 둔 무염버터 · 75g
설탕 · 150g
크림치즈 · 150g
달걀 · 2ea
중력분 · 150g
베이킹파우더 · 1ts
시나몬파우더 · 1ts
배 잘게 썰어 놓은 것 · 300g
밀크초콜릿칩 · 150g

만들기

1 · 오븐은 미리 190℃로 예열해 놓는다.

2 · 베이킹 머핀팬 12구짜리에 유산지를 깔아 놓는다.

3 · 중탕으로 다크초콜릿을 녹여 놓는다. 혹은 전자레인지에 녹여서 식혀 놓는다.

4 · 믹싱기로 크림치즈를 충분히 풀어 준 다음 설탕을 넣고 섞는다.

5 · 잘 섞이면 달걀을 넣고 섞은 다음 녹인 초콜릿과 버터를 넣고 섞는다.

6 · 다른 볼에 체 친 밀가루, 베이킹파우더, 시나몬파우더를 넣고 섞은 다음 초콜릿 반죽에 넣고 같이 섞는다.

7 · 마지막에 잘게 썰어 놓은 배와 밀크초콜릿칩을 넣는다.

8 · 짤주머니에 반죽을 넣고 유산지의 ⅔ 정도 반죽을 채운다.

9 · 예열된 오븐에 넣고 약 25분 정도 굽는다.

10 · 시간이 되면 이쑤시개나 꼬치로 가운데를 찔러본 후 반죽이 묻어나오지 않으면 다 익었으므로 꺼낸다.

11 · 완전히 식은 후에 아이싱을 한다.

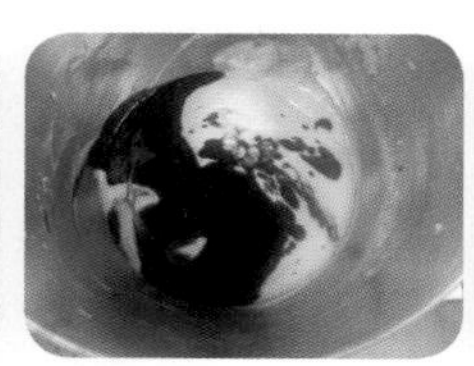

11 데블스푸드 컵케이크

악마의 음식이라 불릴 만큼 매혹적인 맛의 컵케이크

재료

코코아파우더 · 75g
뜨거운 물 · 75g
중력분 · 300g
베이킹파우더 · ½ts
베이킹소다 · ½ts
녹인 무염버터 · 150g
설탕 · 220g
달걀 · 2개
바닐라익스트랙 · 1TB
사우어크림 · 100g

만들기

1 · 오븐은 미리 175℃로 예열해 놓는다.

2 · 뜨거운 물에 코코아파우더를 섞어 놓는다.

3 · 베이킹 머핀팬 12구짜리에 유산지를 깔아 놓는다.

4 · 체 친 밀가루, 베이킹파우더, 베이킹소다를 믹싱볼에 섞어 놓는다.

5 · 다른 볼에 중탕으로 녹인 버터와 설탕을 같이 녹인 다음 식으면 달걀과 바닐라익스트랙을 넣고 잘 섞는다.

6 · 뜨거운 물에 섞어 놓은 코코아반죽을 넣고 섞는다.

7 · 버터반죽에 가루반죽과 사우어크림을 넣어 가면서 섞는다.

8 · 짤주머니에 반죽을 넣고 유산지의 ⅔ 정도 반죽을 채운다.

9 · 예열된 오븐에 넣고 약 20분 정도 굽는다.

10 · 시간이 되면 이쑤시개나 꼬치로 가운데를 찔러본 후 반죽이 묻어나오지 않으면 다 익었으므로 꺼낸다.

11 · 완전히 식은 후에 아이싱을 한다.

12 통아몬드 초콜릿 컵케이크

아몬드의 고소한 맛이 듬뿍 초콜릿의 달달함도 듬뿍 컵케이크

재료

실온에 둔 무염버터 · 175g
설탕 · 100g
박력분 · 150g
달걀 · 3ea
아몬드파우더 · 100g
구워 놓은 통아몬드 · 65g
화이트초콜릿칩 · 75g
밀크초콜릿칩 · 75g

만들기

1 · 오븐은 미리 180℃로 예열해 놓는다.
2 · 베이킹 머핀팬 12구짜리에 유산지를 깔아 놓는다.
3 · 믹싱볼에 버터, 설탕, 달걀과 체 친 밀가루, 아몬드파우더를 넣고 1~2분 정도 크림처럼 될 때까지 믹싱한다.
4 · 화이트초콜릿칩과 밀크초콜릿칩을 넣고 섞는다.
5 · 짤주머니에 반죽을 넣고 유산지의 ⅔ 정도 반죽을 채운다.
6 · 구워 놓은 통아몬드를 반죽 위에 올린다.
7 · 예열된 오븐에 넣고 약 20분 정도 굽는다.
8 · 시간이 되면 이쑤시개나 꼬치로 가운데를 찔러본 후 반죽이 묻어나오지 않으면 다 익었으므로 꺼낸다.
9 · 완전히 식은 후에 아이싱을 한다.

jaune d'oeuf avant de
12 minutes cuire pendant

13 모카 컵케이크

누구에게나 사랑받는 커피향의 모카 컵케이크

재료

인스턴트커피파우더 · 2TB
실온에 둔 무염버터 · 85g
설탕 · 100g
메이플시럽 · 1TB
물 · 200mℓ
중력분 · 225g
코코아파우더 · 2TB
베이킹소다 · 1ts
우유 · 2TB
달걀 · 1ea

만들기

1 · 오븐은 미리 180℃로 예열해 놓는다.

2 · 베이킹 머핀팬 12구짜리에 유산지를 깔아 놓는다.

3 · 소스팬에 인스턴트커피파우더, 버터, 설탕, 메이플시럽, 물을 넣고 설탕이 다 녹을 때까지 함께 끓인다.

4 · 약 5분 정도 식힌 후에 체 친 밀가루와 코코아파우더를 넣고 섞는다.

5 · 컵에 우유와 베이킹소다를 넣고 완전히 녹을 때까지 저어 준다.

6 · 베이킹소다를 녹인 우유를 반죽에 넣고 섞은 다음 달걀을 넣어 완전히 섞어 준다.

7 · 짤주머니에 반죽을 넣고 유산지의 ⅔ 정도 반죽을 채운다.

8 · 예열된 오븐에 넣고 약 20분 정도 굽는다.

9 · 시간이 되면 이쑤시개나 꼬치로 가운데를 찔러본 후 반죽이 묻어나오지 않으면 다 익었으므로 꺼낸다.

10 · 완전히 식은 후에 아이싱을 한다.

14 유자초콜릿 컵케이크

유자의 새콤달콤한 맛이 한입 가득한 컵케이크

재료

실온에 둔 무염버터 · 125g
설탕 · 125g
달걀 · 2ea
박력분 · 125g
코코아파우더 · 25g
베이킹파우더 · ½ts
유자청 · 50g

만들기

1 · 오븐은 미리 180℃로 예열해 놓는다.
2 · 베이킹 머핀팬 12구짜리에 유산지를 깔아 놓는다.
3 · 믹싱볼에 버터, 설탕, 달걀, 체 친 밀가루, 코코아파우더, 베이킹파우더를 넣고 핸드믹서로 크림처럼 될 때까지 부드럽게 섞는다.
4 · 마지막에 유자청을 넣고 섞는다.
5 · 짤주머니에 반죽을 넣고 유산지의 ⅔ 정도 반죽을 채운다.
6 · 예열된 오븐에 넣고 약 20분 정도 굽는다.
7 · 시간이 되면 이쑤시개나 꼬치로 가운데를 찔러본 후 반죽이 묻어나오지 않으면 다 익었으므로 꺼낸다.
8 · 완전히 식은 후에 아이싱을 한다.

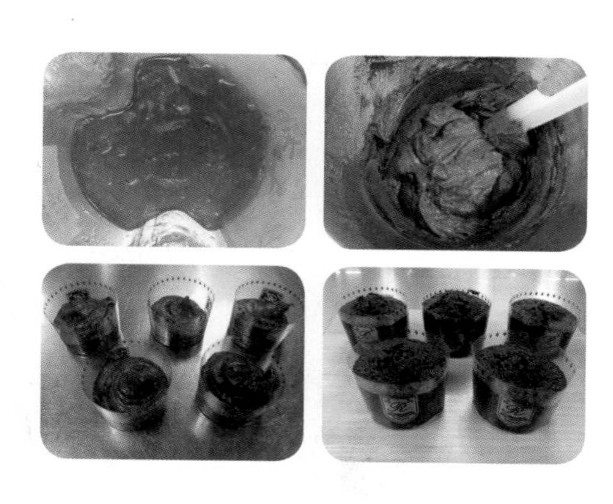

15 마블초콜릿 컵케이크

바닐라와 코코아의 마블 모양이 눈으로도 즐거운 컵케이크

재료

실온에 둔 무염버터 • 175g
설탕 • 200g
달걀 • 3개
박력분 • 175g
우유 • 2TB
녹인 플레인초콜릿 • 55g

만들기

1 • 오븐은 미리 180℃로 예열해 놓는다.

2 • 베이킹 머핀팬 12구짜리에 유산지를 깔아 놓는다.

3 • 버터와 설탕, 달걀, 체 친 밀가루, 우유를 믹싱볼에 넣고 잘 섞는다.

4 • 반죽을 볼 두 개로 나눠서 반반씩 놓는다.

5 • 한쪽 반죽에 녹인 초콜릿을 섞는다.

6 • 두 반죽이 완전히 섞이지 않게 해서 짤주머니에 반죽을 넣고 유산지의 ⅔ 정도 반죽을 채운다. 또는 유산지에 반죽을 반반씩 넣고 스푼으로 한 번만 휘저어 준다. 마블 무늬가 나오도록 한다.

7 • 예열된 오븐에 넣고 약 20분 정도 굽는다.

8 • 시간이 되면 이쑤시개나 꼬치로 가운데를 찔러본 후 반죽이 묻어나오지 않으면 다 익었으므로 꺼낸다.

9 • 완전히 식은 후에 아이싱을 한다.

16 더블 초콜릿 컵케이크

화이트초콜릿과 다크초콜릿의 진한 맛을 느낄 수 있는 컵케이크

재료

실온에 둔 무염버터 · 50g
설탕 · 50g
달걀 · 1ea
사우어크림 · 125mℓ
화이트초콜릿칩 · 25g
다크초콜릿칩 · 25g
중력분 · 125g
코코아파우더 · 25g
베이킹파우더 · ½ts
베이킹소다 · ½ts
초콜릿칩 여유분 토핑용

만들기

1 · 오븐은 미리 180℃로 예열해 놓는다.

2 · 베이킹 머핀팬 12구짜리에 유산지를 깔아 놓는다.

3 · 믹싱볼에 버터를 넣고 풀어 준 후 설탕을 넣고 연한 크림색이 될 때까지 풀어 준다.

4 · 달걀을 넣고 잘 섞이면 사우어크림을 넣고 섞는다.

5 · 다른 볼에 체 친 밀가루, 코코아가루, 베이킹파우더, 베이킹소다를 넣고 섞는다.

6 · 크림화시킨 버터에 가루반죽을 넣고 살살 섞은 후 화이트초콜릿칩과 다크초콜릿칩을 넣고 섞는다.

7 · 짤주머니에 반죽을 넣고 유산지의 ⅔ 정도 반죽을 채운다.

8 · 여유분의 초콜릿칩을 반죽 위에 올린다.

9 · 예열된 오븐에 넣고 약 20분 정도 굽는다.

10 · 시간이 되면 이쑤시개나 꼬치로 가운데를 찔러본 후 반죽이 묻어나오지 않으면 다 익었으므로 꺼낸다.

11 · 완전히 식은 후에 아이싱을 한다.

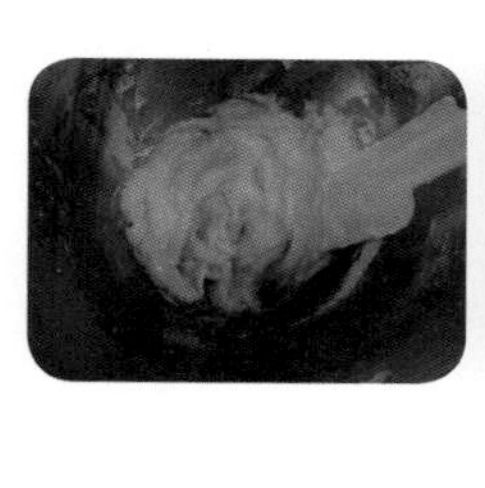
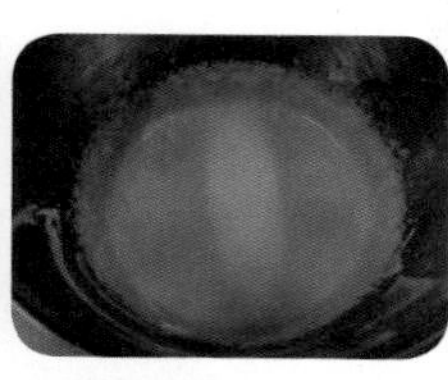
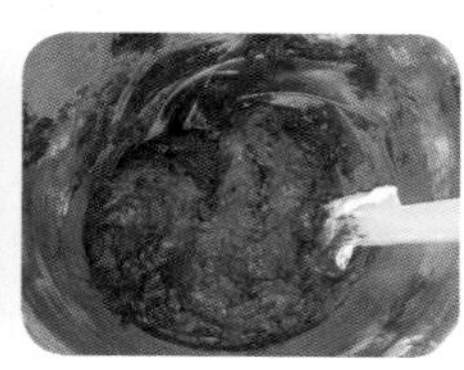

17 Vegan 초콜릿 컵케이크

식물성으로만 만든 채식주의 컵케이크

재료

박력분 · 150g
설탕 · 75g
코코아파우더 · 25g
베이킹소다 · ½ts
식물성오일 · 35g
화이트와인식초 · ½TB
바닐라익스트랙 · ½ts
물 · 125g

만들기

1 · 오븐은 미리 170℃로 예열해 놓는다.
2 · 베이킹 머핀팬 12구짜리에 유산지를 깔아 놓는다.
3 · 체 친 밀가루, 설탕, 코코아파우더, 베이킹소다를 믹싱볼에 넣고 섞는다.
4 · 다른 볼에 식물성오일, 화이트와인식초, 바닐라익스트랙과 물을 넣고 섞는다.
5 · 오일반죽에 가루반죽을 넣고 섞는다.
6 · 짤주머니에 반죽을 넣고 유산지의 ⅔ 정도 반죽을 채운다.
7 · 예열된 오븐에 넣고 약 25분 정도 굽는다.
8 · 시간이 되면 이쑤시개나 꼬치로 가운데를 찔러본 후 반죽이 묻어나오지 않으면 다 익었으므로 꺼낸다.
9 · 완전히 식은 후에 아이싱을 한다.

18 민티드 컵케이크

향긋한 허브 민트향이 속속 배어 있는 깔끔한 컵케이크

재료

민트잎 • 30g
실온에 둔 무염버터 • 200g
설탕 • 110g
달걀 • 3ea
박력분 • 180g
베이킹파우더 • 1ts

만들기

1 • 오븐은 미리 180℃로 예열해 놓는다.

2 • 베이킹 머핀팬 12구짜리에 유산지를 깔아 놓는다.

3 • 믹싱볼에 민트잎, 버터, 설탕, 달걀, 체 친 밀가루, 베이킹 파우더를 넣고 크림처럼 부드럽게 될 때까지 핸드믹서로 잘 섞는다.

4 • 짤주머니에 반죽을 넣고 유산지의 ⅔ 정도 반죽을 채운다.

5 • 예열된 오븐에 넣고 약 20분 정도 굽는다.

6 • 시간이 되면 이쑤시개나 꼬치로 가운데를 찔러본 후 반죽이 묻어나오지 않으면 다 익었으므로 꺼낸다.

7 • 완전히 식은 후에 아이싱을 한다.

Accueil Cordial

PART 03

• FRUIT •

상큼하고 깔끔한 과일 컵케이크

01 심플 블루베리 컵케이크

달걀흰자로 만든 깔끔한 블루베리 컵케이크

재료

녹인 무염버터 • 75g
달걀흰자 • 100g
중력분 • 40g
슈거파우더 • 110g
아몬드파우더 • 60g
아몬드익스트랙 • 1ts
블루베리 • 75g

만들기

1 • 오븐은 미리 200℃로 예열해 놓는다.

2 • 베이킹 머핀팬 12구짜리에 유산지를 깔아 놓는다.

3 • 버터를 전자레인지에 녹인다.

4 • 달걀흰자는 믹싱기에 넣고 휘핑하여 거품이 완전히 올라와서 끝이 뾰족하게 휠 때까지 휘핑한다. 머랭 만들기

5 • 다른 볼에 체 친 밀가루, 슈거파우더, 아몬드가루를 넣고 섞는다.

6 • 녹인 버터에 아몬드익스트랙을 넣은 후 가루반죽과 머랭을 ⅓씩 덜어 가면서 섞는다.

7 • 짤주머니에 반죽을 넣고 유산지의 ⅔ 정도 반죽을 채운다.

8 • 블루베리를 반죽 위에 몇 개씩 잘 올려놓는다.

9 • 예열된 오븐에 넣고 약 20분 정도 굽는다.

10 • 시간이 되면 이쑤시개나 꼬치로 가운데를 찔러본 후 반죽이 묻어나오지 않으면 다 익었으므로 꺼낸다.

11 • 완전히 식은 후에 아이싱을 한다.

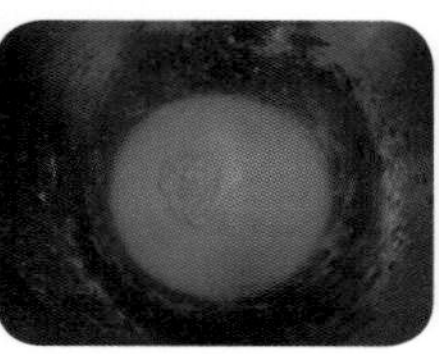
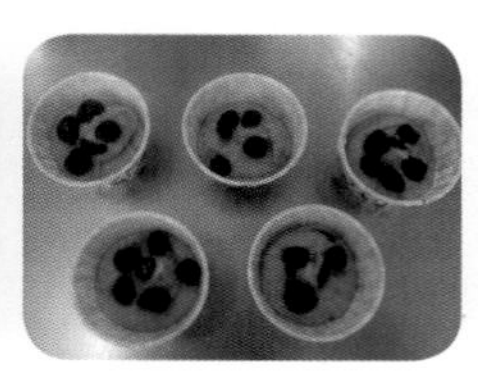

02 감귤 컵케이크

속속히 박힌 감귤향과 케이크 위에 쏘옥 박힌 감귤이 매력적인 컵케이크

재료

중력분 • 150g
박력분 • 35g
베이킹파우더 • ½ts
실온에 둔 무염버터 • 70g
설탕 • 150g
바닐라익스트랙 • ½ts
달걀 • 1ea
우유 • 70g
감귤 • 130g

만들기

1 • 오븐은 미리 170℃로 예열해 놓는다.
2 • 베이킹 머핀팬 12구짜리에 유산지를 깔아 놓는다.
3 • 체 친 밀가루와 베이킹파우더를 섞어 놓는다.
4 • 다른 볼에 버터를 넣고 푼 다음 설탕을 넣고 충분히 크림이 되도록 휘핑한다.
5 • 달걀을 넣은 후 바닐라익스트랙을 넣고 섞는다.
6 • 버터반죽에 가루반죽을 넣고 우유를 넣어 가면서 섞는다.
7 • 마지막에 감귤을 넣고 살살 섞는다.
8 • 짤주머니에 반죽을 넣고 유산지의 ⅔ 정도 반죽을 채운다.
9 • 예열된 오븐에 넣고 약 25분 정도 굽는다.
10 • 시간이 되면 이쑤시개나 꼬치로 가운데를 찔러본 후 반죽이 묻어나오지 않으면 다 익었으므로 꺼낸다.
11 • 완전히 식은 후에 아이싱을 한다.

03 라즈베리초콜릿 컵케이크

머랭으로 만든 촉촉한 라즈베리 컵케이크

재료

녹인 무염버터 • 140g
플레인초콜릿 • 90g
아몬드파우더 • 120g
설탕 • 150g
중력분 • 50g
달걀흰자 • 130g
라즈베리 • 180g

만들기

1 • 오븐은 미리 200℃로 예열해 놓는다.

2 • 베이킹 머핀팬 12구짜리에 유산지를 깔아 놓는다.

3 • 중탕으로 버터를 녹여 놓는다.

4 • 초콜릿은 완전히 녹이지 않고 실온에서 손에 묻을 정도로만 녹은 상태로 둔다.

5 • 믹싱볼에 체 친 밀가루, 아몬드파우더, 설탕 75g을 섞는다.

6 • 가루반죽에 녹인 버터와 살짝 녹은 초콜릿을 넣고 섞는다.

7 • 흰자는 믹싱볼에 넣고 살짝 거품 날 때까지 풀고 남은 설탕 ⅓ 넣고 휘핑, 1분 정도 후 다시 ⅓ 넣고 좀 더 휘핑한 후 다시 나머지 ⅓ 설탕을 넣고 휘핑한다.

8 • 흰자머랭은 끝이 부리가 생길 때까지 오버되지 않게 휘핑한다.

9 • 초콜릿믹스 반죽에 ⅓씩 세 번 나눠 가면서 섞는다.

10 • 짤주머니에 반죽을 넣고 유산지의 ⅔ 정도 반죽을 채운다.

11 • 반죽 위에 라즈베리를 올린다.

12 • 예열된 오븐에 넣고 약 20분 정도 굽는다.

13 • 시간이 되면 이쑤시개나 꼬치로 가운데를 찔러본 후 반죽이 묻어나오지 않으면 다 익었으므로 꺼낸다.

14 • 완전히 식은 후에 아이싱을 한다.

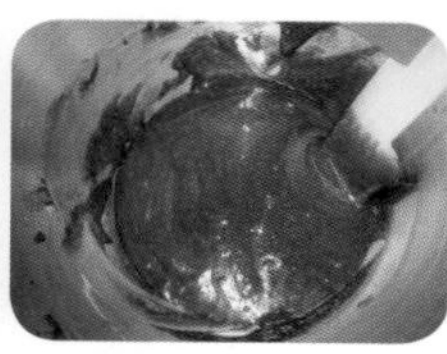

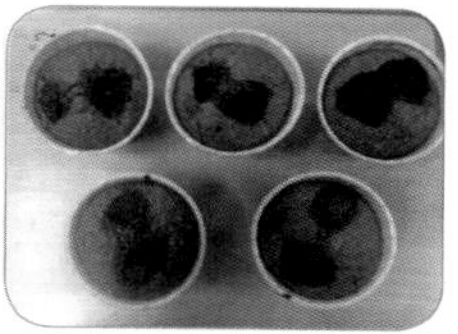

04 오렌지마멀레이드 컵케이크

오렌지마멀레이드의 진한 향과 오렌지과육이 씹히는 새콤 컵케이크

재료

중력분 · 150g
통밀가루 · 100g
베이킹파우더 · 1TB
풀어 놓은 달걀 · 1ea
우유 · 280mℓ
오렌지주스 · 2ts
식물성오일 · 4TB
오렌지마멀레이드 · 150g

만들기

1 · 오븐은 미리 200℃로 예열해 놓는다.
2 · 베이킹 머핀팬 12구짜리에 유산지를 깔아 놓는다.
3 · 믹싱볼에 체 친 밀가루, 통밀가루, 베이킹파우더를 섞는다.
4 · 다른 볼에 달걀을 넣고 푼 다음 식물성오일, 우유, 오렌지주스를 넣고 섞는다.
5 · 달걀반죽에 가루반죽을 넣고 잘 섞는다.
6 · 오렌지마멀레이드를 잘게 썰어서 마지막에 반죽에 섞는다.
7 · 짤주머니에 반죽을 넣고 유산지의 ⅔ 정도 반죽을 채운다.
8 · 예열된 오븐에 넣고 약 20분 정도 굽는다.
9 · 시간이 되면 이쑤시개나 꼬치로 가운데를 찔러본 후 반죽이 묻어나오지 않으면 다 익었으므로 꺼낸다.
10 · 완전히 식은 후에 아이싱을 한다.

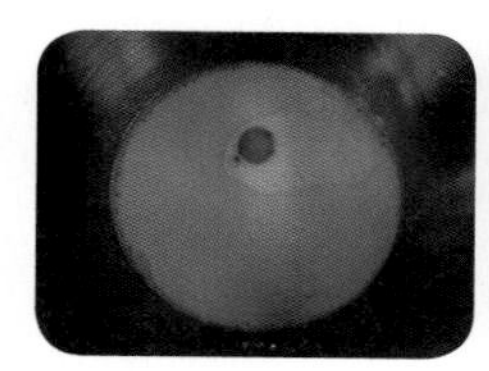

05 화이트초콜릿 & 라즈베리 컵케이크

라즈베리와 화이트초콜릿이 행복하게 만들어주는 컵케이크

재료

실온에 둔 무염버터 • 130g
설탕 • 80g
박력분 • 130g
달걀 • 2ea
화이트초콜릿칩 • 80g
라즈베리 • 24ea

만들기

1 • 오븐은 미리 180℃로 예열해 놓는다.

2 • 베이킹 머핀팬 12구짜리에 유산지를 깔아 놓는다.

3 • 믹싱볼에 버터, 설탕, 달걀, 체 친 밀가루를 넣고 크림처럼 될 때까지 부드럽게 섞는다.

4 • 마지막에 화이트초콜릿칩을 넣고 섞는다.

5 • 짤주머니에 반죽을 넣고 유산지의 ⅔ 정도 반죽을 채운다.

6 • 반죽 위에 라즈베리를 올린다.

7 • 예열된 오븐에 넣고 약 20분 정도 굽는다.

8 • 시간이 되면 이쑤시개나 꼬치로 가운데를 찔러본 후 반죽이 묻어나오지 않으면 다 익었으므로 꺼낸다.

9 • 완전히 식은 후에 아이싱을 한다.

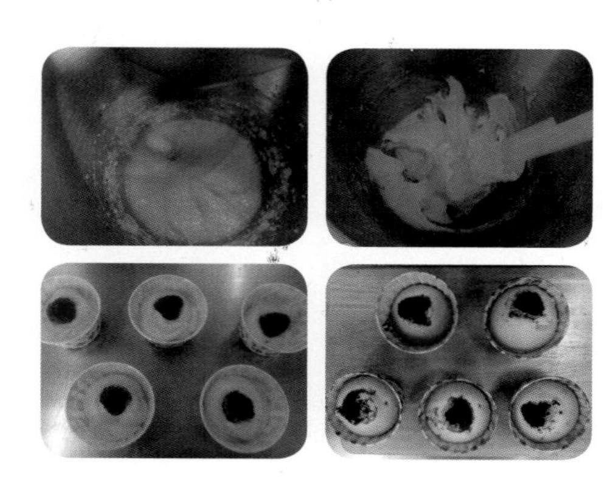

06 체리 & 아몬드 컵케이크

체리와 체리술인 키리쉬 향으로 가득한 체리 컵케이크

재료

중력분 • 100g
아몬드파우더 • 100g
설탕 • 100g
버터 • 100g
달걀흰자 • 120g
키리쉬 • 1TB
체리 • 12ea

만들기

1 • 오븐은 미리 200℃로 예열해 놓는다.

2 • 베이킹 머핀팬 12구짜리에 유산지를 깔아 놓는다.

3 • 믹싱볼에 체 친 밀가루, 아몬드파우더, 설탕을 넣고 섞는다.

4 • 달걀흰자를 넣고 잘 섞은 다음 키리쉬를 넣는다.

5 • 버터를 소스팬에 넣고 약한 불로 가열하면서 살짝 갈색빛이 날 때까지 태운 다음 체에 걸러 놓는다.

6 • 반죽에 태운 버터를 넣고 반죽을 섞는다.

7 • 짤주머니에 반죽을 넣고 유산지의 ⅔ 정도 반죽을 채운다.

8 • 반죽 가운데 체리를 하나씩 박는다.

9 • 예열된 오븐에 넣고 약 20분 정도 굽는다.

10 • 시간이 되면 이쑤시개나 꼬치로 가운데를 찔러본 후 반죽이 묻어나오지 않으면 다 익었으므로 꺼낸다.

11 • 완전히 식은 후에 아이싱을 한다.

07 레몬 & 파피씨드 컵케이크

레몬의 새콤함과 파피씨드의 독특한 향이 은은하게 감도는 컵케이크

재료

중력분 • 260g
실온에 둔 무염버터 • 60g
설탕 • 90g
베이킹파우더 • 1TB
파피씨드 • 2TB
풀어놓은 달걀 • 1ea
우유 • 250mℓ
레몬 • 1개 분량의 레몬피와 레몬즙

만들기

1 • 오븐은 미리 190℃로 예열해 놓는다.

2 • 파피씨드를 예열된 오븐에 약 30초간 살짝 굽는다.

3 • 베이킹 머핀팬 12구짜리에 유산지를 깔아 놓는다.

4 • 버터를 소스팬에 넣고 약한 불로 녹인다. 또는 전자레인지에 돌려 녹인다.

5 • 믹싱볼에 녹인 버터, 풀어놓은 달걀, 우유, 레몬피와 레몬즙을 섞는다.

6 • 달걀반죽에 체 친 밀가루, 베이킹파우더, 설탕, 파피씨드를 넣고 골고루 잘 섞는다.

7 • 짤주머니에 반죽을 넣고 유산지의 ⅔ 정도 반죽을 채운다.

8 • 예열된 오븐에 넣고 약 25분 정도 굽는다.

9 • 시간이 되면 이쑤시개나 꼬치로 가운데를 찔러본 후 반죽이 묻어나오지 않으면 다 익었으므로 꺼낸다.

10 • 완전히 식은 후에 아이싱을 한다.

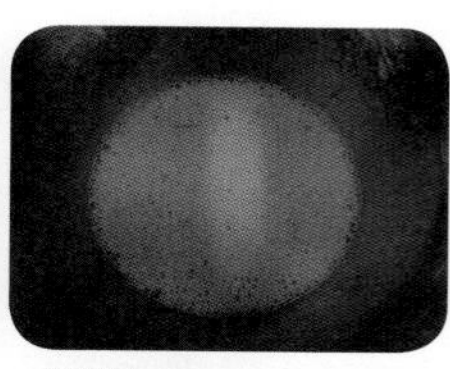

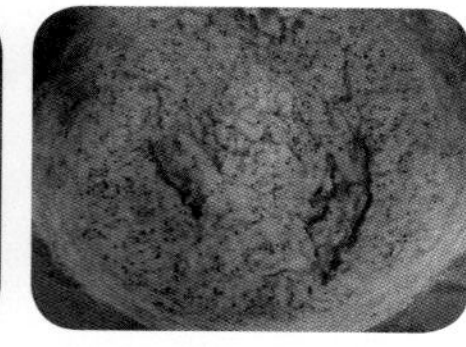

08 마시멜로 컵케이크

구운 마시멜로가 달콤한 컵케이크

재료

마시멜로 조각 • 50g
실온에 둔 무염버터 • 125g
설탕 • 100g
달걀 • 2ea
박력분 • 150g
베이킹파우더 • ½ts
바닐라익스트랙 • 1ts

만들기

1 • 오븐은 미리 180℃로 예열해 놓는다.

2 • 베이킹 머핀팬 12구짜리에 유산지를 깔아 놓는다.

3 • 믹싱볼에 버터, 설탕, 달걀, 체 친 박력분, 베이킹파우더, 바닐라익스트랙을 넣고 핸드믹서로 부드럽게 될 때까지 잘 섞는다.

4 • 마지막에 마시멜로 조각들을 넣고 섞는다.

5 • 짤주머니에 반죽을 넣고 유산지의 ⅔ 정도 반죽을 채운다.

6 • 예열된 오븐에 넣고 약 20분 정도 굽는다.

7 • 시간이 되면 이쑤시개나 꼬치로 가운데를 찔러본 후 반죽이 묻어나오지 않으면 다 익었으므로 꺼낸다.

8 • 완전히 식은 후에 아이싱을 한다.

09 차이티 컵케이크

홍차의 맛이 진하게 배인 담백한 컵케이크

재료

우유 • 150g
홍차티백 • 2ea
박력분 • 100g
중력분 • 100g
베이킹파우더 • 1ts
시나몬파우더 • 1ts
버터 • 40g
갈색설탕 • 150g
달걀 • 2ea

아이싱

버터 • 50g
연유 • 130g
소금 • 약간
슈거파우더 • 75g

*버터와 연유, 소금을 넣고 매끄럽게 될 때까지 핸드믹서로 저은 다음 슈거파우더를 조금씩 넣으면서 섞는다.

만들기

1 • 오븐은 미리 170℃로 예열해 놓는다.

2 • 베이킹 머핀팬 12구짜리에 유산지를 깔아 놓는다.

3 • 우유를 뜨겁게 데워서 티백을 넣고 뚜껑을 덮고 15분간 우린다. 식혀 놓는다.

4 • 믹싱볼에 체 친 밀가루, 베이킹파우더, 시나몬파우더를 넣고 섞어 놓는다.

5 • 다른 볼에 버터를 넣고 풀어 준 후 설탕을 넣고 크림화시킨다.

6 • 설탕입자가 잘 안보일 만큼 휘핑한 후 달걀을 넣고 섞는다.

7 • 버터반죽에 가루반죽을 넣고 섞는 중간 중간에 홍차 우린 우유를 넣어 가면서 섞는다.

8 • 짤주머니에 반죽을 넣고 유산지의 ⅔ 정도 반죽을 채운다.

9 • 예열된 오븐에 넣고 약 20분 정도 굽는다.

10 • 시간이 되면 이쑤시개나 꼬치로 가운데를 찔러본 후 반죽이 묻어나오지 않으면 다 익었으므로 꺼낸다.

11 • 완전히 식은 후에 아이싱을 한다.

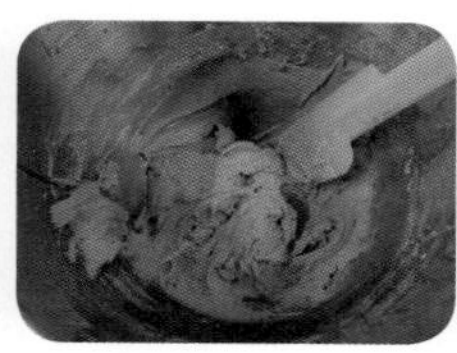

10 쿠키 & 크림치즈 컵케이크

밀가루가 들어가지 않은 푸딩 같은 크림치즈 컵케이크

재료

크림치즈 • 120g
설탕 • 400g
바닐라익스트랙 • 4ts
달걀 • 8ea
사우어크림 • 400g
초코샌드쿠키 • 12ea
(바닥에 깔아 놓을 것)
초코쿠키 부순 것 • 50g

만들기

1 • 오븐은 미리 135℃로 예열해 놓는다.

2 • 베이킹 머핀팬 12구짜리에 유산지를 깔아 놓는다.

3 • 유산지 바닥에 초코샌드 쿠키를 깔아 놓는다.

4 • 크림치즈를 넣고 풀어 준 다음 설탕을 넣고 크림화시킨다.

5 • 바닐라익스트랙을 넣어 주고 달걀, 사우어크림을 넣으면서 계속 핸드믹서로 휘핑한다.

6 • 초코쿠키 부순 것을 반죽에 섞는다.

7 • 짤주머니에 반죽을 넣고 유산지의 ¾ 정도 반죽을 채운다.

8 • 예열된 오븐에 넣고 약 25분 정도 굽는다.

9 • 시간이 되면 이쑤시개나 꼬치로 가운데를 찔러본 후 반죽이 묻어나오지 않으면 다 익었으므로 꺼낸다.

10 • 완전히 식은 후에 아이싱을 한다.

11 쿠키 & 크림 컵케이크

초콜릿쿠키의 바삭함이 케이크 속에 숨어 있는 달콤한 컵케이크

재료

실온에 둔 무염버터 • 100g
설탕 • 100g
박력분 • 150g
베이킹파우더 • 1ts
달걀 • 2ea
생크림 • 50g
바닐라익스트랙 • ½ts
부숴 놓은 초콜릿쿠키 • 5ea

만들기

1 • 오븐은 미리 180℃로 예열해 놓는다.
2 • 베이킹 머핀팬 12구짜리에 유산지를 깔아 놓는다.
3 • 믹싱볼에 버터를 풀어 준 다음 설탕, 달걀, 바닐라익스트랙을 넣고 섞는다.
4 • 버터반죽에 체 친 밀가루, 베이킹파우더, 생크림을 넣고 섞는다.
5 • 초콜릿쿠키는 잘게 부숴 반죽에 넣는다.
6 • 짤주머니에 반죽을 넣고 유산지의 ⅔ 정도 반죽을 채운다.
7 • 예열된 오븐에 넣고 약 35분 정도 굽는다.
8 • 시간이 되면 이쑤시개나 꼬치로 가운데를 찔러본 후 반죽이 묻어나오지 않으면 다 익었으므로 꺼낸다.
9 • 완전히 식은 후에 아이싱을 한다.

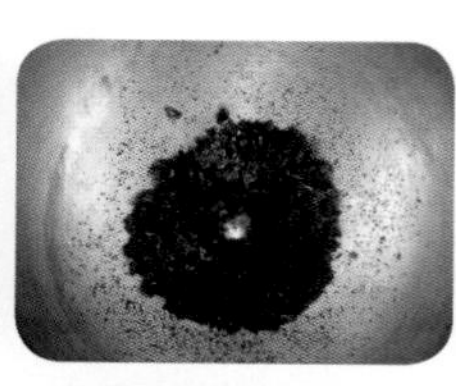
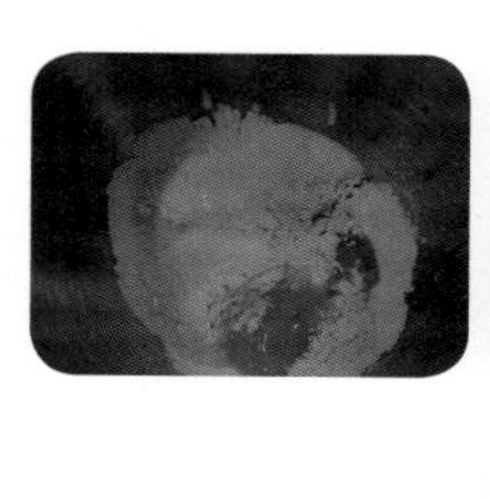

Accueil Cordial

12 망고 컵케이크

망고의 달콤함과 촉촉함이 여름을 느끼게 해주는 컵케이크

재료

식물성오일 • 6TB
(카놀라유, 포도씨유,
해바라기씨유 등)
중력분 • 280g
베이킹파우더 • 1TB
갈색설탕 • 115g
망고슬라이스 • 150g
살짝 풀어 놓은 달걀 • 2ea
우유 • 150mℓ
레몬피 • 1ea

만들기

1 • 오븐은 미리 200℃로 예열해 놓는다.

2 • 베이킹 머핀팬 12구짜리에 유산지를 깔아 놓는다.

3 • 믹싱볼에 체 친 밀가루, 베이킹파우더, 설탕을 섞는다.

4 • 다른 볼에 달걀을 넣고 풀어 준 다음 우유, 식물성오일, 레몬피를 넣고 섞는다.

5 • 가루반죽들을 함께 넣고 섞는다.

6 • 망고를 넣고 살살 섞는다.

7 • 짤주머니에 반죽을 넣고 유산지의 ⅔ 정도 반죽을 채운다.

8 • 예열된 오븐에 넣고 약 20분 정도 굽는다.

9 • 시간이 되면 이쑤시개나 꼬치로 가운데를 찔러본 후 반죽이 묻어나오지 않으면 다 익었으므로 꺼낸다.

10 • 완전히 식은 후에 아이싱을 한다.

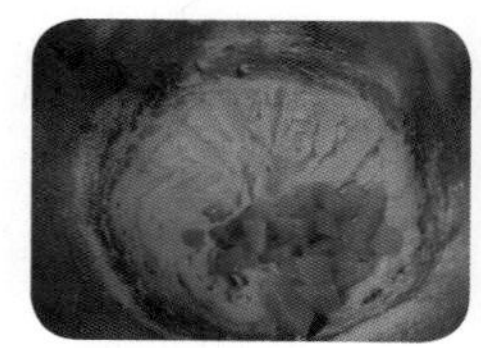

13 크렌베리 컵케이크

크렌베리의 달콤새콤한 맛이 입안에 가득 퍼지는 컵케이크

재료

식물성오일 • 6TB
(카놀라유, 포도씨유, 해바라기씨유 등)
중력분 • 280g
베이킹파우더 • 1TB
갈색설탕 • 115g
살짝 풀어 놓은 달걀 • 2ea
생크림 • 250mℓ
바닐라익스트랙 • 1ts
크렌베리 • 150g

만들기

1 • 오븐은 미리 200℃로 예열해 놓는다.

2 • 베이킹 머핀팬 12구짜리에 유산지를 깔아 놓는다.

3 • 믹싱볼에 체 친 밀가루, 베이킹파우더, 설탕을 섞는다.

4 • 다른 볼에 달걀을 넣고 풀어 준 다음 생크림, 식물성오일, 바닐라익스트랙을 넣고 섞는다.

5 • 가루반죽들을 함께 넣고 섞는다.

6 • 크렌베리를 넣고 살살 섞는다.

7 • 짤주머니에 반죽을 넣고 유산지의 ⅔ 정도 반죽을 채운다.

8 • 예열된 오븐에 넣고 약 20분 정도 굽는다.

9 • 시간이 되면 이쑤시개나 꼬치로 가운데를 찔러본 후 반죽이 묻어나오지 않으면 다 익었으므로 꺼낸다.

10 • 완전히 식은 후에 아이싱을 한다.

14 라벤더 컵케이크

라벤더의 향긋한 향이 기분까지 상쾌하게 만들어주는 컵케이크

재료

라벤더 말린 잎(티백) • 12g
실온에 둔 무염버터 • 125g
설탕 • 125g
레몬필 • 50g
달걀 • 2ea
박력분 • 125g
베이킹파우더 • ½ts

만들기

1 • 오븐은 미리 180℃로 예열해 놓는다.

2 • 베이킹 머핀팬 12구짜리에 유산지를 깔아 놓는다.

3 • 믹싱볼에 버터, 설탕, 레몬필, 달걀, 체 친 밀가루, 베이킹 파우더와 카모마일 말린 잎(티백)을 넣고 핸드믹서로 잘 섞는다.

4 • 짤주머니에 반죽을 넣고 유산지의 ⅔ 정도 반죽을 채운다.

5 • 예열된 오븐에 넣고 약 20분 정도 굽는다.

6 • 시간이 되면 이쑤시개나 꼬치로 가운데를 찔러본 후 반죽이 묻어나오지 않으면 다 익었으므로 꺼낸다.

7 • 완전히 식은 후에 아이싱을 한다.

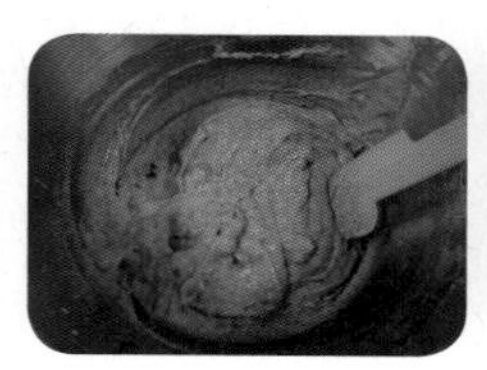

15 바나나살구 컵케이크

바나나의 향과 촉촉함, 살구의 달콤함이 행복하게 느껴지는 컵케이크

재료

녹인 무염버터 • 85g
중력분 • 280g
베이킹파우더 • 1TB
설탕 • 115g
건살구 • 55g
살짝 풀어 놓은 달걀 • 2ea
우유 • 150mℓ
으깨 놓은 바나나 • 2ea

만들기

1 • 오븐은 미리 200℃로 예열해 놓는다.
2 • 베이킹 머핀팬 12구짜리에 유산지를 깔아 놓는다.
3 • 믹싱볼에 체 친 밀가루, 베이킹파우더, 설탕과 잘게 썰어 놓은 건살구를 섞는다.
4 • 바나나와 우유를 넣고 믹서에 갈아 퓨레를 만들어 놓는다.
5 • 달걀을 살짝 풀어 준 다음 만들어 놓은 바나나퓨레를 넣고 섞은 후 녹인 버터를 넣는다.
6 • 가루반죽을 넣고 재료들이 서로 잘 섞이게 한다.
7 • 짤주머니에 반죽을 넣고 유산지의 ⅔ 정도 반죽을 채운다.
8 • 예열된 오븐에 넣고 약 20분 정도 굽는다.
9 • 시간이 되면 이쑤시개나 꼬치로 가운데를 찔러본 후 반죽이 묻어나오지 않으면 다 익었으므로 꺼낸다.
10 • 완전히 식은 후에 아이싱을 한다.

16 Fruit & Nut 컵케이크

건과일과 너츠가 파운드케이크처럼 깊은 맛을 내는 컵케이크

재료

실온 무염버터 • 110g
갈색설탕 • 110g
박력분 • 150g
달걀 • 2ea
아몬드익스트랙 • 1ts
너츠 • 40g
건과일믹스 • 60g

만들기

1 • 오븐은 미리 180℃로 예열해 놓는다.

2 • 베이킹 머핀팬 12구짜리에 유산지를 깔아 놓는다.

3 • 버터와 설탕, 체 친 밀가루, 달걀, 아몬드익스트랙을 믹싱기에 한 번에 넣고 크림처럼 매끈하게 될 때까지 약 1~2분간 휘핑한다.

4 • 너츠는 오븐에 살짝 구워 놓고 건과일믹스는 럼주에 담가 놓는다.

5 • 반죽에 구운 너츠와 건과일믹스를 넣고 섞는다.

6 • 짤주머니에 반죽을 넣고 유산지의 ⅔ 정도 반죽을 채운다.

7 • 예열된 오븐에 넣고 약 25분 정도 굽는다.

8 • 시간이 되면 이쑤시개나 꼬치로 가운데를 찔러본 후 반죽이 묻어나오지 않으면 다 익었으므로 꺼낸다.

9 • 완전히 식은 후에 아이싱을 한다.

17 블루베리 치즈 컵케이크

치즈 케이크를 간단하게 만들 수 있는 치즈 컵케이크

재료

곡물비스킷 • 150g
실온에 둔 무염버터 • 55g
크림치즈 • 300g
바닐라익스트랙 • 1ts
슈거파우더 • 125g
달걀 • 3ea
블루베리 • 200g

만들기

1 • 오븐은 미리 160℃로 예열해 놓는다.

2 • 베이킹 머핀팬 12구짜리에 유산지를 깔아 놓는다.

3 • 비스켓을 가루로 만들어 놓은 다음 버터와 섞는다.

4 • 유산지 바닥에 버터비스켓을 깔아 놓는다.

5 • 크림치즈를 핸드믹서로 풀어 준 다음 바닐라익스트랙과 슈거파우더를 넣으면서 크리미하게 믹싱한다.

6 • 천천히 달걀을 넣으면서 섞는다.

7 • 마지막에 블루베리를 넣고 살살 섞는다.

8 • 짤주머니에 반죽을 넣고 유산지의 ¾ 정도 반죽을 채운다.

*밀가루나 베이킹파우더를 넣지 않아서 부풀질 않기 때문에 유산지에 많이 채워 준다.

9 • 예열된 오븐에 넣고 약 25분 정도 굽는다.

10 • 시간이 되면 이쑤시개나 꼬치로 가운데를 찔러본 후 반죽이 묻어나오지 않으면 다 익었으므로 꺼낸다.

11 • 완전히 식은 후에 아이싱을 한다.

St.Valentine's
Day

18 요거트베리 컵케이크

새콤한 요거트와 베리의 만남이 만들어내는 맛의 디저트 컵케이크

재료

중력분 • 100g
통밀가루 • 100g
베이킹파우더 • 2ts
설탕 • 75g
달걀 2ea
식물성오일 • 2g
녹인 무염버터 • 40g
바닐라익스트랙 • 2ts
딸기요거트 • 150g
크렌베리 • 100g

만들기

1 • 오븐은 미리 200℃로 예열해 놓는다.

2 • 베이킹 머핀팬 12구짜리에 유산지를 깔아 놓는다.

3 • 믹싱볼에 체 친 밀가루와 베이킹파우더를 섞은 다음 설탕을 넣고 잘 섞는다.

4 • 다른 볼에 달걀을 풀어 준 다음 녹인 버터, 식물성오일, 바닐라익스트랙, 딸기요거트를 넣고 잘 섞는다.

5 • 달걀반죽에 가루반죽을 넣고 골고루 섞는다.

6 • 마지막에 크렌베리를 반 정도 넣고 섞는다.

7 • 짤주머니에 반죽을 넣고 유산지의 ⅔ 정도 반죽을 채운다.

8 • 나머지 크렌베리는 반죽 위에 올린다.

9 • 예열된 오븐에 넣고 약 15분 정도 굽는다.

10 • 시간이 되면 이쑤시개나 꼬치로 가운데를 찔러본 후 반죽이 묻어나오지 않으면 다 익었으므로 꺼낸다.

11 • 완전히 식은 후에 아이싱을 한다.

19 복숭아 컵케이크

여름철 천도복숭아로 만들면 더 상큼한 컵케이크

재료

캔복숭아 • 500g
복숭아즙 • 1TB
실온에 둔 무염버터 • 170g
설탕 • 170g
풀어 놓은 달걀 • 3ea
박력분 • 170g
생크림 • 225mℓ

만들기

1 • 오븐은 미리 180℃로 예열해 놓는다.
2 • 베이킹 머핀팬 12구짜리에 유산지를 깔아 놓는다.
3 • 믹싱볼에 버터를 넣고 풀어 준 다음 설탕을 넣고 아이보리 색이 날 때까지 크림화시킨다.
4 • 크림화된 버터에 달걀을 넣어 풀어 준다.
5 • 버터반죽에 체 친 밀가루와 생크림을 넣고 섞는다.
6 • 복숭아를 잘게 썰어 넣고 복숭아즙 한 스푼을 반죽에 넣어 살살 저어 준다.
7 • 짤주머니에 반죽을 넣고 유산지의 ⅔ 정도 반죽을 채운다.
8 • 예열된 오븐에 넣고 약 25분 정도 굽는다.
9 • 시간이 되면 이쑤시개나 꼬치로 가운데를 찔러본 후 반죽이 묻어나오지 않으면 다 익었으므로 꺼낸다.
10 • 완전히 식은 후에 아이싱을 한다.

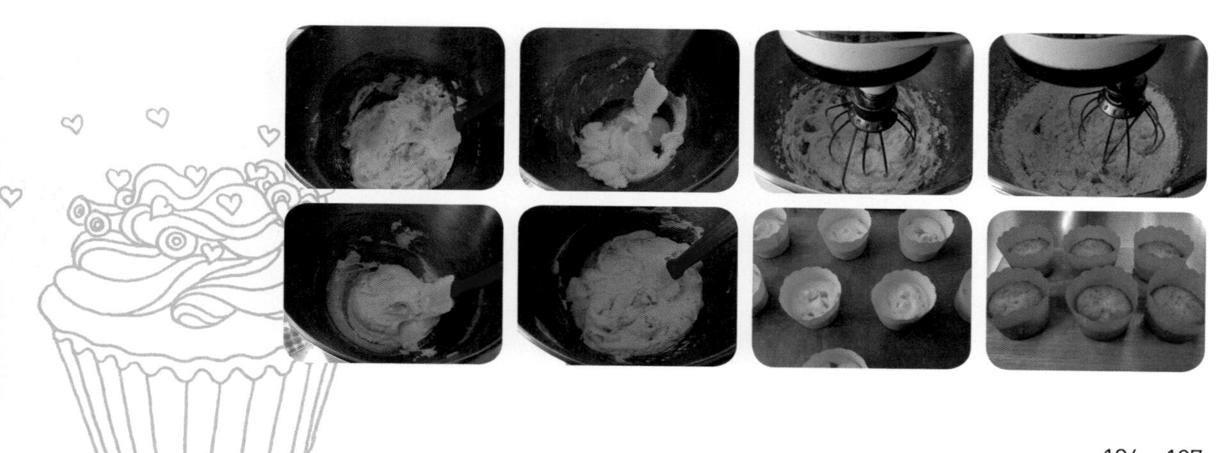

20 바나나 컵케이크

케이크 속에서 가장 향긋해지는 과일, 바나나로 만든 컵케이크

재료

중력분 • 125g
베이킹파우더 • 1ts
베이킹소다 • ¼ts
녹인 무염버터 • 75g
갈색설탕 • 75g
풀어 놓은 달걀 • 2ea
으깬 바나나 • 2ea

만들기

1 • 오븐은 미리 160℃로 예열해 놓는다.
2 • 녹인 버터에 갈색설탕, 달걀과 으깬 바나나를 섞는다.
3 • 다른 볼에 체 친 밀가루, 베이킹파우더, 베이킹소다를 넣고 섞어 놓는다.
4 • 버터반죽에 가루반죽을 넣고 잘 섞는다.
5 • 짤주머니에 반죽을 넣고 유산지의 ⅔ 정도 반죽을 채운다.
6 • 예열된 오븐에 넣고 약 25분 정도 굽는다.
7 • 시간이 되면 이쑤시개나 꼬치로 가운데를 찔러본 후 반죽이 묻어나오지 않으면 다 익었으므로 꺼낸다.
8 • 완전히 식은 후에 아이싱을 한다.

21 캐러멜 컵케이크

진한 캐러멜이 컵케이크 안에 숨어 있는 컵케이크

재료

실온에 둔 무염버터 • 100g
갈색설탕 • 150g
달걀 • 2ea
커피파우더 • 2TB
뜨거운 물 • 1TB
박력분 • 200g
베이킹파우더 • 2ts
우유 • 75g
캐러멜 • 100g

만들기

1 • 오븐은 미리 175℃로 예열해 놓는다.

2 • 베이킹 머핀팬 12구짜리에 유산지를 깔아 놓는다.

3 • 믹싱볼에 버터를 넣고 풀어 준 다음 설탕, 달걀을 넣고 섞는다.

4 • 뜨거운 물에 커피파우더를 풀어서 녹여 놓는다.

5 • 버터반죽에 커피 녹인 물을 넣고 섞은 다음 체 친 밀가루, 베이킹파우더, 우유를 넣고 섞는다.

6 • 짤주머니에 반죽을 넣고 유산지의 ⅔ 정도 반죽을 채운다.

7 • 반죽 위에 캐러멜을 올린다.

8 • 예열된 오븐에 넣고 약 20분 정도 굽는다.

9 • 시간이 되면 이쑤시개나 꼬치로 가운데를 찔러본 후 반죽이 묻어나오지 않으면 다 익었으므로 꺼낸다.

10 • 완전히 식은 후에 아이싱을 한다.

22 Dairy Free Berry 컵케이크

유제품이 들어가지 않은 특별한 분들을 위한 특별한 컵케이크

재료

믹스된 베리 • 200g
(라즈베리, 크렌베리, 블루베리, 스트로베리, 블랙베리 등)
중력분 • 200g
갈색설탕 • 50g
베이킹파우더 • ½ts
식물성오일 • 2TB
달걀 • 1ea

만들기

1 • 오븐은 미리 175℃로 예열해 놓는다.

2 • 베이킹 머핀팬 12구짜리에 유산지를 깔아 놓는다.

3 • 믹스된 베리류 100g을 믹서에 넣고 갈아 놓는다.

4 • 나머지 100g은 포크로 으깨어 놓는다.

5 • 믹싱볼에 체 친 밀가루, 설탕, 베이킹파우더를 넣고 섞은 다음 달걀과 식물성오일을 넣고 섞는다.

6 • 갈아 놓은 베리퓨레를 반죽에 넣고 잘 섞은 다음 으깬 베리들은 마지막에 넣고 살살 섞는다.

7 • 짤주머니에 반죽을 넣고 유산지의 ⅔ 정도 반죽을 채운다.

8 • 예열된 오븐에 넣고 약 20분 정도 굽는다.

9 • 시간이 되면 이쑤시개나 꼬치로 가운데를 찔러본 후 반죽이 묻어나오지 않으면 다 익었으므로 꺼낸다.

10 • 완전히 식은 후에 아이싱을 한다.

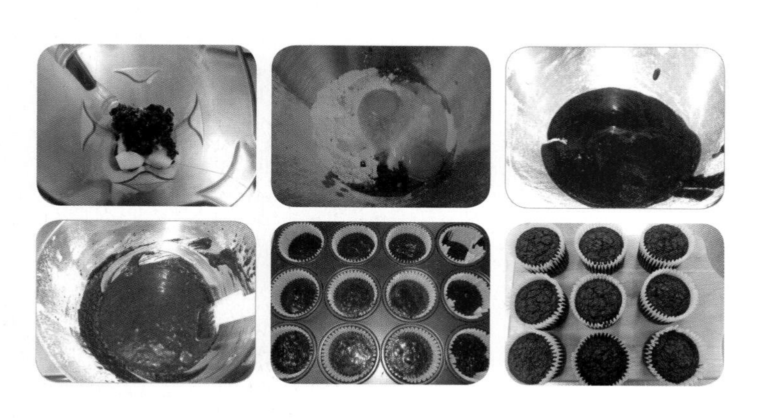

23 오렌지 컵케이크

맛과 향이 최고인 과일 오렌지가 들어간 컵케이크

재료

실온에 둔 무염버터 • 170g
설탕 • 200g
풀어 놓은 달걀 • 2ea
박력분 • 170g
아몬드가루 • 50g
오렌지 1개 갈아 놓은 즙과
오렌지필

만들기

1 • 오븐은 미리 180℃로 예열해 놓는다.

2 • 베이킹 머핀팬 12구짜리에 유산지를 깔아 놓는다.

3 • 믹싱볼에 버터를 넣고 풀어 준 다음 설탕을 넣고 아이보리 색이 날 때까지 크림화시킨다.

4 • 크림화된 버터에 달걀을 넣어 풀어 준다.

5 • 버터반죽에 체 친 밀가루와 아몬드가루, 오렌지필을 넣고 섞는다.

6 • 오렌지즙을 넣어 가면서 반죽을 윤기 나게 잘 섞는다.

7 • 짤주머니에 반죽을 넣고 유산지의 ⅔ 정도 반죽을 채운다.

8 • 예열된 오븐에 넣고 약 20~25분 정도 굽는다.

9 • 시간이 되면 이쑤시개나 꼬치로 가운데를 찔러본 후 반죽이 묻어나오지 않으면 다 익었으므로 꺼낸다.

10 • 완전히 식은 후에 아이싱을 한다.

I Love You

PART 04

• CEREALS •

건강하고 몸에 좋은 곡물 컵케이크

01 그린티 컵케이크

진한 마치의 맛과 향을 온몸으로 느낄 수 있는 녹차 컵케이크

재료

실온에 둔 무염버터 · 170g
설탕 · 170g
달걀 · 3ea
박력분 · 150g
녹차파우더 · 3TB
우유 · 70mℓ

만들기

1 · 오븐은 미리 180℃로 예열해 놓는다.

2 · 베이킹 머핀팬 12구짜리에 유산지를 깔아 놓는다.

3 · 버터와 설탕, 달걀, 체 친 박력분과 녹차파우더와 우유를 넣고 한꺼번에 부드러워질 때까지 잘 섞는다.

4 · 짤주머니에 반죽을 넣고 유산지의 ⅔ 정도 반죽을 채운다.

5 · 예열된 오븐에 넣고 약 20분 정도 굽는다.

6 · 시간이 되면 이쑤시개나 꼬치로 가운데를 찔러본 후 반죽이 묻어나오지 않으면 다 익었으므로 꺼낸다.

7 · 완전히 식은 후에 아이싱을 한다.

02 크렌베리오트밀 컵케이크
건강식 오트밀과 새콤달콤 크렌베리 컵케이크

재료

식물성오일 • 6TB
중력분 • 140g
베이킹파우더 • 1TB
흑색설탕 • 115g
오트밀 • 140g
건크렌베리 • 85g
(건크렌베리는 미리 물이나 럼에 자작하게 10분 정도 담가 둔다.)
달걀 • 2ea
생크림 • 250mℓ
바닐라익스트랙 • 1ts

만들기

1 • 오븐은 미리 200℃로 예열해 놓는다.
2 • 베이킹 머핀팬 12구짜리에 유산지를 깔아 놓는다.
3 • 체 친 밀가루, 베이킹파우더를 섞은 후 설탕과 오트밀, 건 크렌베리를 같이 섞는다.
4 • 다른 볼에 달걀을 넣고 풀어 준 다음 식물성오일, 생크림, 바닐라익스트랙을 넣고 섞는다.
5 • 달걀반죽에 가루반죽을 넣고 잘 섞는다.
6 • 짤주머니에 반죽을 넣고 유산지의 ⅔ 정도 반죽을 채운다.
7 • 예열된 오븐에 넣고 약 20분 정도 굽는다.
8 • 시간이 되면 이쑤시개나 꼬치로 가운데를 찔러본 후 반죽이 묻어나오지 않으면 다 익었으므로 꺼낸다.
9 • 완전히 식은 후에 아이싱을 한다.

03 뮤즐리 컵케이크

따뜻한 우유와 한 끼 식사로 든든한 뮤즐리 컵케이크

재료

중력분 • 140g
베이킹파우더 • 1TB
뮤즐리 • 280g
갈색설탕 • 115g
달걀 • 2개
생크림 • 250mℓ
식물성오일 • 6TB

만들기

1 • 오븐은 미리 200℃로 예열해 놓는다.

2 • 베이킹 머핀팬 12구짜리에 유산지를 깔아 놓는다.

3 • 믹싱볼에 체 친 밀가루, 베이킹파우더를 넣고 섞은 후 뮤즐리와 설탕을 넣고 섞는다.

4 • 다른 볼에 달걀을 넣고 풀어 준 다음 생크림과 식물성오일을 넣어 섞는다.

5 • 달걀반죽에 가루반죽을 넣고 잘 섞는다.

6 • 짤주머니에 반죽을 넣고 유산지의 ⅔ 정도 반죽을 채운다.

7 • 예열된 오븐에 넣고 약 20분 정도 굽는다.

8 • 시간이 되면 이쑤시개나 꼬치로 가운데를 찔러본 후 반죽이 묻어나오지 않으면 다 익었으므로 꺼낸다.

9 • 완전히 식은 후에 아이싱을 한다.

04 진저브레드 컵케이크

설탕에 절인 생강의 알싸한 맛이 은은하게 풍기는 겨울에 더 맛있는 컵케이크

재료

실온에 둔 무염버터 • 130g
갈색설탕 • 100g
중력분 • 170g
베이킹소다 • 1½ts
생강가루 • 3ts
시나몬파우더 • 2ts
우유 • 6TB
달걀 • 3ea
설탕에 절여 놓은 잘게 저민 생강조각 – 생강 • 1개 분량

만들기

1 • 오븐은 미리 170℃로 예열해 놓는다.

2 • 베이킹 머핀팬 12구짜리에 유산지를 깔아 놓는다.

3 • 체 친 밀가루, 생강가루, 시나몬파우더를 믹싱볼에 섞어 놓는다.

4 • 설탕에 절여 놓은 생강조각들을 가루반죽 속에 넣고 잘 섞는다.

5 • 우유를 담아 놓은 컵에 베이킹소다를 넣어서 풀어 준다.

6 • 다른 믹싱볼에 버터와 설탕을 넣고 크림화시킨다.

7 • 달걀을 노른자 먼저 하나씩 넣어 주면서 섞은 다음 잘 섞은 후에 흰자를 조금씩 넣으면서 완전히 섞이게 만든다.
*흰자의 수분과 버터의 유지가 분리가 나지 않게 조심한다.

8 • 잘 섞인 달걀반죽에 가루반죽을 넣어 주걱으로 섞으면서 우유를 넣어 잘 섞는다.

9 • 짤주머니에 반죽을 넣고 유산지의 ⅔ 정도 반죽을 채운다.

10 • 예열된 오븐에 넣고 약 20분 정도 굽는다.

11 • 시간이 되면 이쑤시개나 꼬치로 가운데를 찔러본 후 반죽이 묻어나오지 않으면 다 익었으므로 꺼낸다.

12 • 완전히 식은 후에 아이싱을 한다.

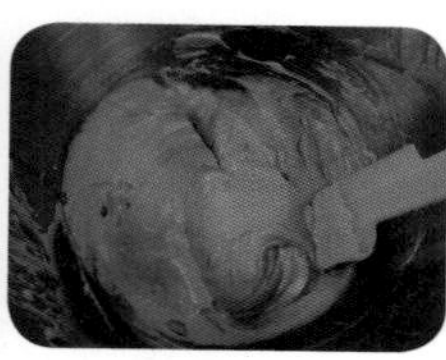

My sweet
time.

05 곡물후레이크 컵케이크

곡물후레이크를 넣어 만든 건강한 컵케이크

재료

실온 무염버터 • 50g
곡물후레이크 • 90g
우유 • 270mℓ
갈색설탕 • 120g
건포도 • 150g
박력분 • 150g
베이킹파우더 • 1½ts

만들기

1 • 오븐은 미리 180℃로 예열해 놓는다.

2 • 베이킹 머핀팬 12구짜리에 유산지를 깔아 놓는다.

3 • 버터와 곡물후레이크를 섞은 후 살짝 끓을 때까지 데운 우유를 붓고 약 10~15분간 후레이크가 부드러워질 때까지 담가 둔다.

4 • 부드러워지면 설탕과 건포도를 넣고 섞는다.

5 • 버터반죽에 체 친 밀가루와 베이킹파우더를 넣고 섞는다.

6 • 짤주머니에 반죽을 넣고 유산지의 ⅔ 정도 반죽을 채운다.

7 • 예열된 오븐에 넣고 약 20분 정도 굽는다.

8 • 시간이 되면 이쑤시개나 꼬치로 가운데를 찔러본 후 반죽이 묻어나오지 않으면 다 익었으므로 꺼낸다.

9 • 완전히 식은 후에 아이싱을 한다.

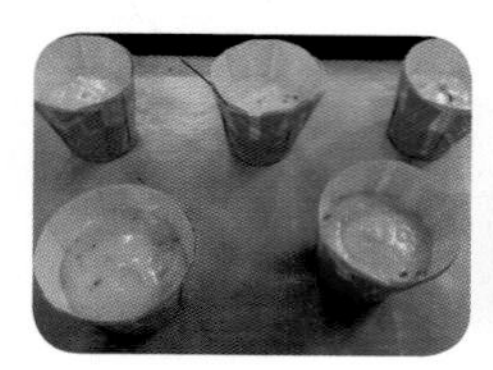

VARIETY

06 곡물레이즌 컵케이크

몸에 좋은 곡물가루와 건포도로 만든 식사용으로도 좋은 컵케이크

재료

식물성오일 · 6TB
중력분 · 140g
베이킹파우더 · 1TB
곡물가루 · 140g
설탕 · 115g
건포도 · 165g
(미리 물이나 럼에 10분 정도 자작하게 담가 놓는다)
달걀 · 2ea
무지방우유 · 250mℓ
바닐라익스트랙 · 1ts

만들기

1 · 오븐은 미리 200℃로 예열해 놓는다.
2 · 베이킹 머핀팬 12구짜리에 유산지를 깔아 놓는다.
3 · 체 친 밀가루와 베이킹파우더를 섞은 다음 곡물가루, 설탕, 건포도를 넣고 잘 섞는다.
4 · 다른 볼에 달걀을 풀어 준 다음 무지방우유, 식물성오일, 바닐라익스트랙을 넣고 잘 섞는다.
5 · 달걀반죽에 가루반죽을 넣고 골고루 섞는다.
6 · 짤주머니에 반죽을 넣고 유산지의 ⅔ 정도 반죽을 채운다.
7 · 예열된 오븐에 넣고 약 20분 정도 굽는다.
8 · 시간이 되면 이쑤시개나 꼬치로 가운데를 찔러본 후 반죽이 묻어나오지 않으면 다 익었으므로 꺼낸다.
9 · 완전히 식은 후에 아이싱을 한다.

I Love You

07 피넛버터 컵케이크

피넛버터의 맛이 케이크 속에 어우러져 맛있는 향까지 느껴지는 컵케이크

재료

실온에 둔 무염버터 • 55g
갈색설탕 • 225g
피넛버터 • 115g
살짝 풀어 놓은 달걀 • 2개
바닐라익스트랙 • 1ts
중력분 • 225g
베이킹파우더 • 2ts
우유 • 100mℓ

만들기

1 • 오븐은 미리 180℃로 예열해 놓는다.
2 • 베이킹 머핀팬 12구짜리에 유산지를 깔아 놓는다.
3 • 버터와 설탕, 피넛버터를 부드러워질 때까지 잘 섞는다.
4 • 골고루 잘 섞이면 달걀을 넣고 바닐라익스트랙을 넣어 섞는다.
5 • 체 친 밀가루와 베이킹파우더를 버터반죽에 넣고 섞으면서 우유를 넣는다.
6 • 짤주머니에 반죽을 넣고 유산지의 ⅔ 정도 반죽을 채운다.
7 • 예열된 오븐에 넣고 약 25분 정도 굽는다.
8 • 시간이 되면 이쑤시개나 꼬치로 가운데를 찔러본 후 반죽이 묻어나오지 않으면 다 익었으므로 꺼낸다.
9 • 완전히 식은 후에 아이싱을 한다.

08 메이플피칸 컵케이크

맛있는 피칸과 달콤한 메이플시럽으로 만든 어린이건강식 컵케이크

재료

중력분 • 210g
베이킹파우더 • 1TB
설탕 • 90g
피칸 잘게 다진 것 • 75ts
달걀 • 2ea
생크림 • 110mℓ
메이플시럽 • 60mℓ
녹인 버터 • 65g
피칸조각 • 12ea

만들기

1 • 오븐은 미리 200℃로 예열해 놓는다.

2 • 베이킹 머핀팬 12구짜리에 유산지를 깔아 놓는다.

3 • 믹싱볼에 체 친 밀가루, 베이킹파우더를 섞은 후 설탕과 피칸조각을 섞어 놓는다.

4 • 다른 볼에 달걀을 풀어 준 다음 생크림, 메이플시럽, 녹인 버터를 넣고 섞는다.

5 • 달걀반죽에 가루반죽을 넣고 잘 섞는다.

6 • 짤주머니에 반죽을 넣고 유산지의 ⅔ 정도 반죽을 채운다.

7 • 반죽 위에 피칸조각을 하나씩 올린다.

8 • 예열된 오븐에 넣고 약 20분 정도 굽는다.

9 • 시간이 되면 이쑤시개나 꼬치로 가운데를 찔러본 후 반죽이 묻어나오지 않으면 다 익었으므로 꺼낸다.

10 • 완전히 식은 후에 아이싱을 한다.

09 스위트포테이토 컵케이크

달콤한 고구마와 버터, 아몬드가 누구나 좋아하는 맛을 선사하는 컵케이크

재료

고구마 • 125g
녹인 무염버터 • 100g
꿀 • 6TB
달걀 • 2ea
박력분 • 100g
베이킹파우더 • ½ts
생크림 • 50g
아몬드슬라이스 • 3TB

만들기

1 • 오븐은 미리 180℃로 예열해 놓는다.

2 • 베이킹 머핀팬 12구짜리에 유산지를 깔아 놓는다.

3 • 고구마는 쪄서 익힌 후 으깨 놓는다.

4 • 녹인 버터에 꿀을 섞는다.

5 • 꿀을 섞은 버터에 으깬 고구마와 달걀, 체 친 밀가루와 베이킹파우더, 생크림을 넣고 섞는다.

6 • 짤주머니에 반죽을 넣고 유산지의 ⅔ 정도 반죽을 채운다.

7 • 반죽 위에 아몬드슬라이스를 뿌린다.

8 • 예열된 오븐에 넣고 약 20분 정도 굽는다.

9 • 시간이 되면 이쑤시개나 꼬치로 가운데를 찔러본 후 반죽이 묻어나오지 않으면 다 익었으므로 꺼낸다.

10 • 완전히 식은 후에 아이싱을 한다.

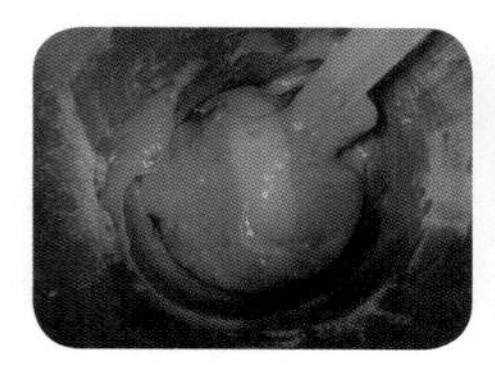
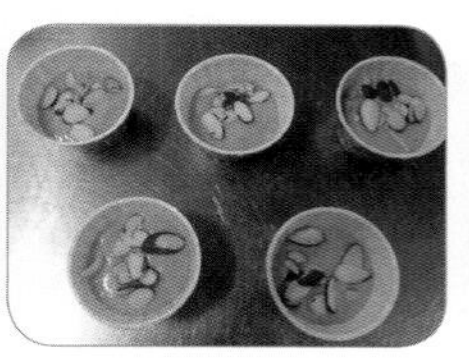
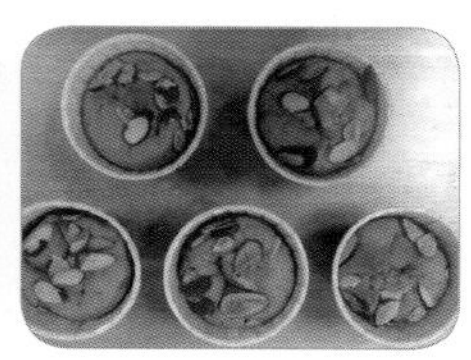

10 아몬드 & 무화과 컵케이크

시나몬향과 무화과가 입안에서 톡톡 터지는 사랑스러운 맛 컵케이크

재료

건무화과 • 275g
(건무화과는 잘게 조각내서 10분 정도 럼주에 담가 놓는다.)
갈색설탕 • 150g
실온에 둔 무염버터 • 150g
박력분 • 175g
베이킹파우더 • 1ts
시나몬파우더 • 1ts
달걀 • 3ea
아몬드슬라이스 • 3TB

만들기

1. 오븐은 미리 180℃로 예열해 놓는다.
2. 베이킹 머핀팬 12구짜리에 유산지를 깔아 놓는다.
3. 믹싱볼에 버터, 설탕, 달걀, 체 친 밀가루, 베이킹파우더, 시나몬파우더를 넣고 부드럽게 될 때까지 섞는다.
4. 마지막에 럼주에 절인 무화과를 넣고 섞는다.
5. 짤주머니에 반죽을 넣고 유산지의 ⅔ 정도 반죽을 채운다.
6. 아몬드슬라이스를 위에 뿌린다.
7. 예열된 오븐에 넣고 약 25분 정도 굽는다.
8. 시간이 되면 이쑤시개나 꼬치로 가운데를 찔러본 후 반죽이 묻어나오지 않으면 다 익었으므로 꺼낸다.
9. 완전히 식은 후에 아이싱을 한다.

11 대추야자 컵케이크

대추야자 혹은 대추를 넣어 만든 어른들이 좋아하는 컵케이크

재료

대추야자열매 • 90g
뮤즐리 • 90g
박력분 • 120g
베이킹파우더 • 1ts
사과주스 • 120mℓ
식물성오일 • 2TB
아가베시럽 • 50mℓ
달걀 • 1ea

만들기

1 • 오븐은 미리 190℃로 예열해 놓는다.
2 • 베이킹 머핀팬 12구짜리에 유산지를 깔아 놓는다.
3 • 믹싱볼에 체 친 밀가루, 베이킹파우더, 뮤즐리, 대추야자열매 잘라 놓은 것을 섞는다.
4 • 다른 볼에 사과주스, 식물성오일, 아가베시럽과 달걀을 넣고 잘 섞는다.
5 • 가루반죽을 넣고 재료들이 서로 잘 섞이게 한다.
6 • 짤주머니에 반죽을 넣고 유산지의 ⅔ 정도 반죽을 채운다.
7 • 예열된 오븐에 넣고 약 20분 정도 굽는다.
8 • 시간이 되면 이쑤시개나 꼬치로 가운데를 찔러본 후 반죽이 묻어나오지 않으면 다 익었으므로 꺼낸다.
9 • 완전히 식은 후에 아이싱을 한다.

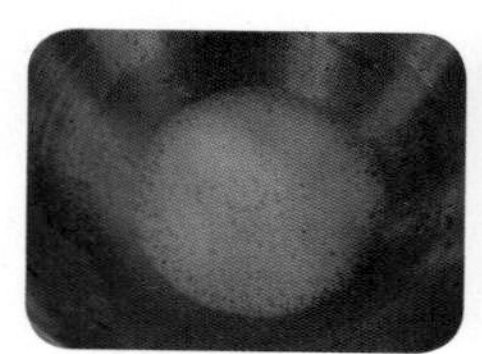

12 초코칩 & 피넛버터 컵케이크

입에 감기는 고소한 맛의 피넛버터와 깔끔한 요거트,
초코칩이 들어간 누구나 좋아하는 컵케이크

재료

중력분 • 200g
베이킹파우더 • 2ts
베이킹소다 • ½ts
설탕 • 75g
크런치 피넛버터 • 200g
달걀 • 1개
녹인 무염버터 • 100g
플레인요거트 • 100g
생크림 • 100mℓ
초콜릿칩 • 100g

만들기

1 • 오븐은 미리 180℃로 예열해 놓는다.
2 • 베이킹 머핀팬 12구짜리에 유산지를 깔아 놓는다.
3 • 체 친 밀가루와 베이킹파우더, 베이킹소다를 잘 섞은 후 설탕과 피넛버터를 넣고 섞는다.
4 • 다른 볼에 달걀을 넣고 풀어 준 다음 녹인 버터, 요거트, 생크림을 넣고 섞은 후 초콜릿칩을 넣는다.
5 • 달걀반죽에 가루반죽을 넣고 섞는다.
6 • 짤주머니에 반죽을 넣고 유산지의 ⅔ 정도 반죽을 채운다.
7 • 예열된 오븐에 넣고 약 20~22분 정도 굽는다.
8 • 시간이 되면 이쑤시개나 꼬치로 가운데를 찔러본 후 반죽이 묻어나오지 않으면 다 익었으므로 꺼낸다.
9 • 완전히 식은 후에 아이싱을 한다.

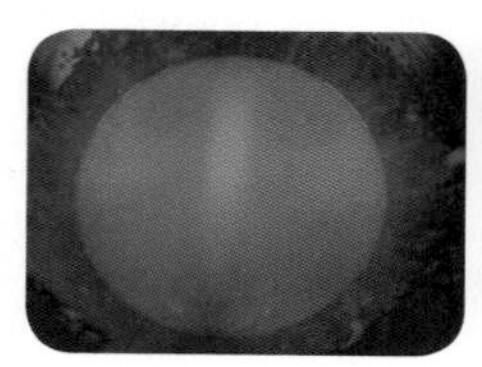

13 설타나 & 진저 컵케이크

알싸한 맛의 홍차와 잘 어울리는 컵케이크

재료

설탕에 절인 생강조각 • 50g
실온 무염버터 • 75g
설탕 • 125g
달걀 • 2ea
박력분 • 150g
베이킹파우더 • ½ts
바닐라익스트랙 • ½ts
설타나 • 50g
(럼주에 10분 정도 자작하게 담가 둔다.)

만들기

1 • 오븐은 미리 180℃로 예열해 놓는다.
2 • 베이킹 머핀팬 12구짜리에 유산지를 깔아 놓는다.
3 • 믹싱볼에 버터 풀어 놓고 설탕, 달걀, 체 친 밀가루, 베이킹 파우더와 바닐라익스트랙을 넣고 섞는다.
4 • 반죽에 설탕에 절여 놓은 생강조각과 설타나를 넣고 섞는다.
5 • 짤주머니에 반죽을 넣고 유산지의 ⅔ 정도 반죽을 채운다.
6 • 예열된 오븐에 넣고 약 20분 정도 굽는다.
7 • 시간이 되면 이쑤시개나 꼬치로 가운데를 찔러본 후 반죽이 묻어나오지 않으면 다 익었으므로 꺼낸다.
8 • 완전히 식은 후에 아이싱을 한다.

pour le cadeau

14 캐럿 & 월넛 컵케이크

아이들의 건강식 당근과 호두로 만든 컵케이크

재료

중력분 • 160g
시나몬파우더 • 1ts
베이킹파우더 • 2ts
갈색설탕 • 75g
당근 갈아 놓은 것 • 160g
호두 잘게 잘라 놓은 것 • 25g
녹인 무염버터 • 70g
풀어 놓은 달걀 • 1ea
우유 • 3TB
호두 반쪽짜리 토핑용 • 12개(12ea)

만들기

1 • 오븐은 미리 200℃로 예열해 놓는다.

2 • 베이킹 머핀팬 12구짜리에 유산지를 깔아 놓는다.

3 • 믹싱볼에 체 친 밀가루, 시나몬가루, 베이킹파우더를 넣고 섞은 다음 설탕, 호두, 갈아 놓은 당근을 넣고 주걱으로 살살 섞는다.

4 • 섞어 놓은 가루재료에 녹인 버터, 달걀, 우유를 넣고 섞는다.

5 • 짤주머니에 반죽을 넣고 유산지의 ⅔ 정도 반죽을 채운다.

6 • 반죽 위에 호두 반쪽짜리를 토핑으로 올려놓고 굽는다.

7 • 예열된 오븐에 넣고 약 20분 정도 굽는다.

8 • 시간이 되면 이쑤시개나 꼬치로 가운데를 찔러본 후 반죽이 묻어나오지 않으면 다 익었으므로 꺼낸다.

9 • 완전히 식은 후에 아이싱을 한다.

piyo ! piyo !
How
A big
She was

15 레이즌 컵케이크

쿠키, 빵, 케이크 어디에나 잘 어울리는 찰떡궁합 건포도 컵케이크

재료

건포도 • 35g
럼 • 1TB
실온에 둔 무염버터 • 70g
설탕 • 70g
박력분 • 130g
베이킹파우더 • 1ts
달걀 • 2ea
생크림 • 40g

만들기

1 • 오븐은 미리 175℃로 예열해 놓는다.

2 • 베이킹 머핀팬 12구짜리에 유산지를 깔아 놓는다.

3 • 건포도는 럼에 10분 정도 재워 둔다.

4 • 다른 볼에 버터, 설탕, 달걀, 체 친 밀가루, 베이킹파우더, 생크림을 넣고 섞는다.

5 • 럼에 절인 건포도를 럼과 같이 마지막에 넣고 섞는다.

6 • 짤주머니에 반죽을 넣고 유산지의 ⅔ 정도 반죽을 채운다.

7 • 예열된 오븐에 넣고 약 20분 정도 굽는다.

8 • 시간이 되면 이쑤시개나 꼬치로 가운데를 찔러본 후 반죽이 묻어나오지 않으면 다 익었으므로 꺼낸다.

9 • 완전히 식은 후에 아이싱을 한다.

Beautiful season

16 체리 컵케이크

체리의 맛과 향이 케이크 속에서 은은히 퍼지는 체리 컵케이크

재료

중력분 • 150g
베이킹파우더 • 2ts
설탕 • 70g
녹인 무염버터 • 25g
달걀 • 2ea
식물성오일 • 2TB
바닐라익스트랙 • 1ts
플레인요거트 • 75g
체리 • 100g

만들기

1 • 오븐은 미리 200℃로 예열해 놓는다.

2 • 베이킹 머핀팬 12구짜리에 유산지를 깔아 놓는다.

3 • 중탕으로 녹인 버터에 체 친 밀가루, 베이킹파우더, 설탕을 넣고 섞는다.

4 • 다른 볼에 달걀, 바닐라익스트랙, 식물성오일, 플레인요거트를 함께 넣고 섞는다.

5 • 달걀반죽에 가루반죽을 잘 섞는다.

6 • 마지막에 신선한 체리를 넣고 살살 섞는다.

7 • 짤주머니에 반죽을 넣고 유산지의 ⅔ 정도 반죽을 채운다.

8 • 예열된 오븐에 넣고 약 20분 정도 굽는다.

9 • 시간이 되면 이쑤시개나 꼬치로 가운데를 찔러본 후 반죽이 묻어나오지 않으면 다 익었으므로 꺼낸다.

10 • 완전히 식은 후에 아이싱을 한다.

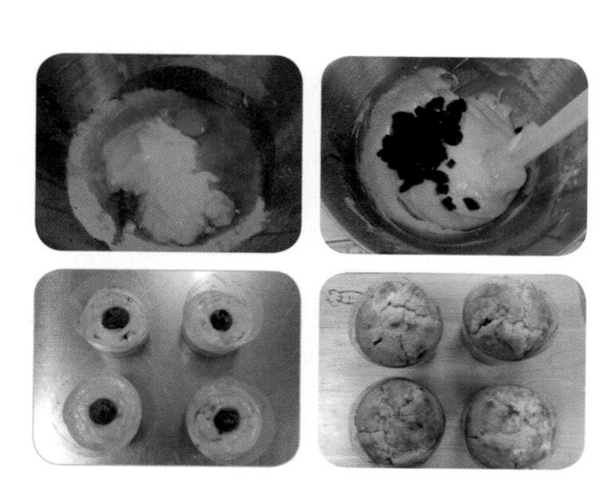

Valentine's Day
St.Valentine's

17 레몬 & 아몬드 컵케이크

레몬의 상큼함이 축 처진 기분을 한껏 올려줄 수 있는 컵케이크

재료

실온에 둔 무염버터 • 125g
설탕 • 125g
달걀 • 2ea
박력분 • 100g
베이킹파우더 • ½ts
아몬드파우더 • 50g
레몬피 • 1ea
레몬즙 • 2TB

만들기

1 • 오븐은 미리 180℃로 예열해 놓는다.

2 • 베이킹 머핀팬 12구짜리에 유산지를 깔아 놓는다.

3 • 믹싱볼에 버터, 설탕을 넣고 풀어 준 다음 달걀을 넣고 섞는다.

4 • 버터반죽에 체 친 밀가루와 베이킹파우더, 아몬드파우더를 넣고 섞은 다음 마지막에 레몬 1개 분량의 레몬피와 레몬즙 2TB을 넣고 섞는다.

5 • 짤주머니에 반죽을 넣고 유산지의 ⅔ 정도 반죽을 채운다.

6 • 예열된 오븐에 넣고 약 20분 정도 굽는다.

7 • 시간이 되면 이쑤시개나 꼬치로 가운데를 찔러본 후 반죽이 묻어나오지 않으면 다 익었으므로 꺼낸다.

8 • 완전히 식은 후에 아이싱을 한다.

18

애플 & 오트밀 컵케이크

최고의 건강식인 오트밀과 사과로 만든 컵케이크

재료

오트밀 · 50g
중력분 · 200g
베이킹파우더 · 2ts
베이킹소다 · ½ts
갈색설탕 · 100g+여유분
풀어 놓은 달걀 · 1ea
식물성오일 · 100mℓ
사과 썰어 놓은 것 · 1ea

만들기

1 · 오븐은 미리 180℃로 예열해 놓는다.

2 · 베이킹 머핀팬 12구짜리에 유산지를 깔아 놓는다.

3 · 믹싱볼에 오트밀, 체 친 밀가루, 베이킹파우더와 베이킹소다, 갈색설탕을 넣고 잘 섞는다.

4 · 다른 볼에 풀어 놓은 달걀과 식물성오일을 섞는다.

5 · 달걀반죽에 가루반죽을 넣고, 썰어 놓은 사과도 같이 넣고 섞는다.

6 · 짤주머니에 반죽을 넣고 유산지의 ⅔ 정도 반죽을 채운다.

7 · 여유분의 갈색설탕을 반죽 위에 골고루 뿌린다.

8 · 예열된 오븐에 넣고 약 35분 정도 굽는다.

9 · 시간이 되면 이쑤시개나 꼬치로 가운데를 찔러본 후 반죽이 묻어나오지 않으면 다 익었으므로 꺼낸다.

10 · 완전히 식은 후에 아이싱을 한다.

19 아가베시럽 & 아몬드 컵케이크

아몬드의 고소함과 아가베시럽의 달콤함이 만난 컵케이크

재료

실온에 둔 무염버터 • 140g
갈색설탕 • 100g
아가베시럽 • 100g
박력분 • 200g
시나몬파우더 • 1ts
살짝 풀어 놓은 달걀 • 2ea
통아몬드 토핑용 • 12ea

만들기

1 • 오븐은 미리 180℃로 예열해 놓는다.

2 • 베이킹 머핀팬 12구짜리에 유산지를 깔아 놓는다.

3 • 버터, 설탕, 아가베시럽을 소스팬에 넣고 약한 불로 가열하여 설탕이 다 녹을 때까지 끓인다.

4 • 체 친 박력분과 시나몬파우더를 섞은 믹싱볼에 버터반죽을 넣고 섞은 후 달걀을 넣어 가면서 섞는다.

5 • 반죽이 부드럽게 윤기가 나게 섞는다.

6 • 짤주머니에 반죽을 넣고 유산지의 ⅔ 정도 반죽을 채운다.

7 • 반죽 위에 통아몬드를 하나씩 올린다.

8 • 예열된 오븐에 넣고 약 20~25분 정도 굽는다.

9 • 시간이 되면 이쑤시개나 꼬치로 가운데를 찔러본 후 반죽이 묻어나오지 않으면 다 익었으므로 꺼낸다.

10 • 완전히 식은 후에 아이싱을 한다.

delicious

20 아몬드퍼지 컵케이크

아몬드의 단맛과 고소함이 부드럽게 입안에 감도는 컵케이크

재료

실온에 둔 무염버터 · 85g
설탕 · 85g
물 · 200mℓ
물엿 · 1TB
우유 · 3TB
바닐라익스트랙 · 1ts
베이킹소다 · 1ts
중력분 · 225g
코코아파우더 · 2TB
아몬드슬라이스 · 40g

만들기

1 · 오븐은 미리 180℃로 예열해 놓는다.

2 · 베이킹 머핀팬 12구짜리에 유산지를 깔아 놓는다.

3 · 물, 버터, 설탕, 물엿을 소스팬에 넣고 설탕이 녹을 때까지 끓인 후 식혀 놓는다.

4 · 다른 볼에 우유, 바닐라익스트랙, 베이킹소다를 넣고 잘 섞는다.

5 · 믹싱볼에 체 친 밀가루와 코코아가루를 섞은 후 소스팬에 끓인 시럽을 넣고 섞는다.

6 · 여기에 우유반죽을 넣고 섞은 다음 반죽이 매끄럽게 될 때까지 잘 섞는다.

7 · 짤주머니에 반죽을 넣고 유산지의 ⅔ 정도 반죽을 채운다.

8 · 반죽 위에 아몬드슬라이스를 뿌린다.

9 · 예열된 오븐에 넣고 약 20분 정도 굽는다.

10 · 시간이 되면 이쑤시개나 꼬치로 가운데를 찔러본 후 반죽이 묻어나오지 않으면 다 익었으므로 꺼낸다.

11 · 완전히 식은 후에 아이싱을 한다.

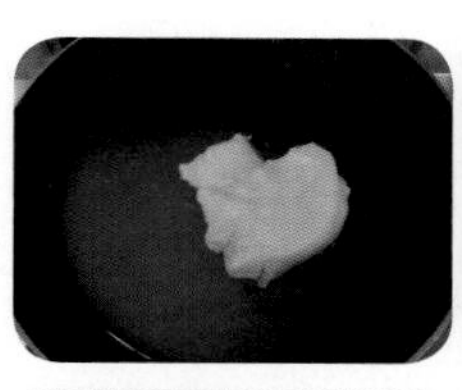

porter la couronne

21 오트밀플럼 컵케이크

식이섬유가 풍부한 건자두와 오트밀로 만든 아침에도 먹기 좋은 컵케이크

재료

중력분 • 140g
베이킹파우더 • 1TB
갈색설탕 • 115g
오트밀 • 140ea
건자두 잘라 놓은 것 • 150ts
달걀 • 2ea
생크림 • 250mℓ
식물성오일 • 6TB
바닐라익스트랙 • 1ts

만들기

1 • 오븐은 미리 200℃로 예열해 놓는다.
2 • 베이킹 머핀팬 12구짜리에 유산지를 깔아 놓는다.
3 • 체 친 밀가루와 베이킹파우더를 잘 섞은 후 설탕과 오트밀, 건자두 잘라 놓은 것을 넣고 섞는다.
4 • 다른 볼에 달걀을 넣고 풀어 준 다음 생크림, 식물성오일, 바닐라익스트랙을 넣고 섞는다.
5 • 달걀반죽에 가루반죽을 넣고 섞는다.
6 • 짤주머니에 반죽을 넣고 유산지의 ⅔ 정도 반죽을 채운다.
7 • 예열된 오븐에 넣고 약 20분 정도 굽는다.
8 • 시간이 되면 이쑤시개나 꼬치로 가운데를 찔러본 후 반죽이 묻어나오지 않으면 다 익었으므로 꺼낸다.
9 • 완전히 식은 후에 아이싱을 한다.

MAGIC THE
make me happy!

22 피치 & 오트밀 컵케이크

복숭아의 달콤함과 향긋함이 건강한 오트밀과 만난 컵케이크

재료

오트밀 • 115g
사우어크림 • 300mℓ
달걀 • 1ea
식물성오일 • 6TB
갈색설탕 • 85g
중력분 • 200g
베이킹파우더 • 1ts
베이킹소다 • ½ts
시나몬가루 • 1ts
복숭아 썰어 놓은 것 • 1ea

만들기

1 • 오븐은 미리 200℃로 예열해 놓는다.

2 • 베이킹 머핀팬 12구짜리에 유산지를 깔아 놓는다.

3 • 사우어크림에 오트밀을 약 10분 정도 담가 놓는다.

4 • 담가 놓아서 부드러워진 오트밀에 달걀과 식물성오일, 설탕을 잘 넣고 섞는다.

5 • 다른 볼에 체 친 밀가루, 베이킹파우더, 베이킹소다, 시나몬파우더를 잘 섞은 후 오트밀반죽에 넣고 같이 섞는다.

6 • 마지막에 복숭아 썰어 놓은 것을 넣고 섞는다.

7 • 짤주머니에 반죽을 넣고 유산지의 ⅔ 정도 반죽을 채운다.

8 • 예열된 오븐에 넣고 약 20분 정도 굽는다.

9 • 시간이 되면 이쑤시개나 꼬치로 가운데를 찔러본 후 반죽이 묻어나오지 않으면 다 익었으므로 꺼낸다.

10 • 완전히 식은 후에 아이싱을 한다.

23 카모마일 컵케이크

카모마일 차를 마시는 듯한 향을 느낄 수 있는 허브 컵케이크

재료

카모마일 티백에 든 잎 • 15g
아몬드파우더 • 75g
설탕 • 100g
중력분 • 275g
베이킹파우더 • 1ts
레몬피 • 1ea
설타나 • 75g
녹인 무염버터 • 75g
달걀 • 2ea
생크림 • 285mℓ

만들기

1 • 오븐은 미리 200℃로 예열해 놓는다.

2 • 베이킹 머핀팬 12구짜리에 유산지를 깔아 놓는다.

3 • 믹서에 카모마일잎, 아몬드파우더, 설탕을 넣고 갈아준다.

4 • 믹싱볼에 체 친 밀가루, 베이킹파우더, 레몬피, 설타나를 넣고 갈아 놓은 카모마일설탕을 넣고 섞는다.

5 • 다른 볼에 녹인 버터, 달걀, 생크림을 넣고 섞은 후 가루반죽을 넣고 섞는다.

6 • 짤주머니에 반죽을 넣고 유산지의 ⅔ 정도 반죽을 채운다.

7 • 예열된 오븐에 넣고 약 20분 정도 굽는다.

8 • 시간이 되면 이쑤시개나 꼬치로 가운데를 찔러본 후 반죽이 묻어나오지 않으면 다 익었으므로 꺼낸다.

9 • 완전히 식은 후에 아이싱을 한다.

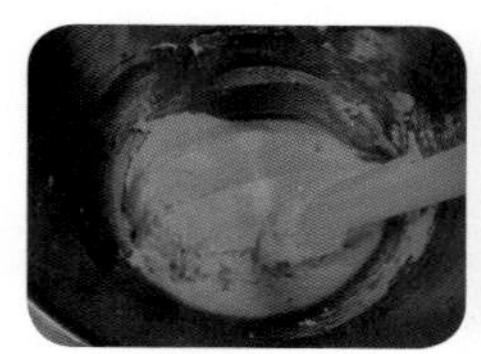

24 민트초콜릿 컵케이크

코코아케이크 속에 페퍼민트향이 상쾌함을 주는 컵케이크

재료

중력분 · 150g
코코아파우더 · 75g
설탕 · 150g
베이킹소다 · 1ts
베이킹파우더 · ½ts
달걀 · 1ea
생크림 · 75g
페퍼민트익스트랙 · ½ts
뜨거운 물 · 75g
식물성오일 · 100mℓ

만들기

1 · 오븐은 미리 170℃로 예열해 놓는다.
2 · 베이킹 머핀팬 12구짜리에 유산지를 깔아 놓는다.
3 · 체 친 밀가루와 베이킹소다, 베이킹파우더, 코코아파우더, 설탕을 섞어 놓는다.
4 · 다른 볼에 달걀, 생크림, 식물성오일, 페퍼민트익스트랙, 물을 섞어 놓는다.
5 · 달걀반죽에 가루반죽을 넣고 섞는다.
6 · 짤주머니에 반죽을 넣고 유산지의 ⅔ 정도 반죽을 채운다.
7 · 예열된 오븐에 넣고 약 20분 정도 굽는다.
8 · 시간이 되면 이쑤시개나 꼬치로 가운데를 찔러본 후 반죽이 묻어나오지 않으면 다 익었으므로 꺼낸다.
9 · 완전히 식은 후에 아이싱을 한다.

© Disney

25 연유 컵케이크

달걀흰자만의 깔끔함과 연유의 달콤함이 깨끗한 맛을 만들어내는 컵케이크

재료

박력분 • 200g
베이킹파우더 • ½ts
연유 • 1TB
실온에 둔 무염버터 • 25g
갈색설탕 • 75g
달걀흰자 • 40g
생크림 • 100g
연유 • 여유분

만들기

1 • 오븐은 미리 175℃로 예열해 놓는다.
2 • 베이킹 머핀팬 12구짜리에 유산지를 깔아 놓는다.
3 • 체 친 밀가루와 베이킹파우더를 잘 섞는다.
4 • 다른 볼에 버터를 풀어 준 다음 설탕을 넣고 섞어 준 후 달걀흰자와 연유를 넣는다.
5 • 달걀반죽에 가루반죽을 넣고 생크림을 넣어 가면서 골고루 섞는다.
6 • 짤주머니에 반죽을 넣고 유산지의 ⅔ 정도 반죽을 채운다.
7 • 반죽 위에 연유를 한 스푼씩 뿌린다.
8 • 예열된 오븐에 넣고 약 20분 정도 굽는다.
9 • 시간이 되면 이쑤시개나 꼬치로 가운데를 찔러본 후 반죽이 묻어나오지 않으면 다 익었으므로 꺼낸다.
10 • 완전히 식은 후에 아이싱을 한다.

Happy

26 아몬드 컵케이크

아몬드의 풍부한 영양분이 가득 담긴 컵케이크

재료

실온에 둔 무염버터 • 100g
설탕 • 100g
박력분 • 150g
베이킹파우더 • 1ts
달걀 • 2ea
생크림 • 50g
아마레토 • 1TB
아몬드슬라이스 • 2TB

만들기

1 • 오븐은 미리 175℃로 예열해 놓는다.

2 • 베이킹 머핀팬 12구짜리에 유산지를 깔아 놓는다.

3 • 믹싱볼에 버터를 풀어 준 다음 설탕, 달걀을 넣고 크림처럼 만든다.

4 • 다른 볼에 체 친 밀가루, 베이킹파우더를 넣고 섞는다.

5 • 달걀반죽에 가루반죽을 넣고 아몬드리큐르인 아마레토와 생크림을 넣으면서 잘 섞는다.

6 • 마지막에 아몬드슬라이스를 넣고 섞는다.

7 • 짤주머니에 반죽을 넣고 유산지의 ⅔ 정도 반죽을 채운다.

8 • 예열된 오븐에 넣고 약 20분 정도 굽는다.

9 • 시간이 되면 이쑤시개나 꼬치로 가운데를 찔러본 후 반죽이 묻어나오지 않으면 다 익었으므로 꺼낸다.

10 • 완전히 식은 후에 아이싱을 한다.

©Wilton

사우어크림 컵케이크

사우어크림의 깊고 진한 맛이 깔끔한 컵케이크

재료

중력분 · 150g
베이킹파우더 · ½ts
시나몬파우더 · 1ts
달걀 · 1ea
사우어크림 · 75g
갈색설탕 · 100g
다진 피칸 · 25g
생크림 · 50g

만들기

1 · 오븐은 미리 175℃로 예열해 놓는다.

2 · 베이킹 머핀팬 12구짜리에 유산지를 깔아 놓는다.

3 · 믹싱볼에 체 친 밀가루, 베이킹파우더, 시나몬파우더를 섞는다.

4 · 다른 볼에 달걀과 사우어크림을 같이 섞은 후 설탕을 넣는다.

5 · 달걀반죽에 가루반죽을 넣고 생크림을 넣어 가면서 잘 섞는다.

6 · 다진 피칸을 넣고 섞는다.

7 · 짤주머니에 반죽을 넣고 유산지의 ⅔ 정도 반죽을 채운다.

8 · 예열된 오븐에 넣고 약 20분 정도 굽는다.

9 · 시간이 되면 이쑤시개나 꼬치로 가운데를 찔러본 후 반죽이 묻어나오지 않으면 다 익었으므로 꺼낸다.

10 · 완전히 식은 후에 아이싱을 한다.

28 코코넛레이즌 컵케이크

럼에 절여 놓은 건포도가 깊은 맛을 내는 컵케이크

재료

실온에 둔 무염버터 • 65g
중력분 • 150g
럼주 • 25g
건포도 • 50g
베이킹파우더 • ½ts
설탕 • 140g
달걀 • 2ea
생크림 • 35g
코코넛채 • 50g

만들기

1 • 오븐은 미리 170℃로 예열해 놓는다.
2 • 베이킹 머핀팬 12구짜리에 유산지를 깔아 놓는다.
3 • 럼주에 건포도를 자작하게 10분 정도 재워 둔다.
4 • 믹싱볼에 체 친 밀가루, 베이킹파우더를 섞는다.
5 • 다른 볼에 버터를 넣고 풀어 준 후 설탕을 넣고 크림화시킨다.
6 • 설탕입자가 잘 안 보일 만큼 휘핑한 후 달걀을 넣고 섞는다.
7 • 버터반죽에 가루반죽을 넣고 생크림을 넣어 가면서 섞는다.
8 • 럼에 절인 건포도와 코코넛채를 마지막에 넣고 섞는다.
9 • 짤주머니에 반죽을 넣고 유산지의 ⅔ 정도 반죽을 채운다.
10 • 예열된 오븐에 넣고 약 30분 정도 굽는다.
11 • 시간이 되면 이쑤시개나 꼬치로 가운데를 찔러본 후 반죽이 묻어나오지 않으면 다 익었으므로 꺼낸다.
12 • 완전히 식은 후에 아이싱을 한다.

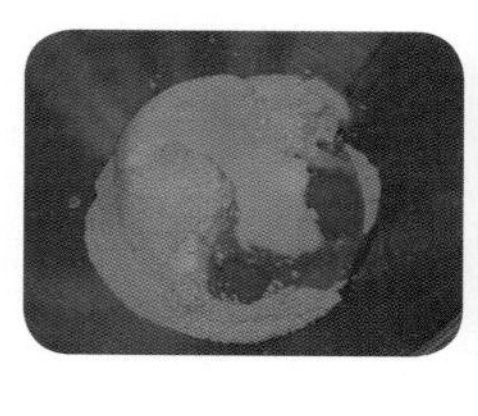

Happy

29 키리쉬 컵케이크

체리술인 키리쉬의 향과 통째 들어있는 체리가 정말 맛있는 컵케이크

재료

실온에 둔 무염버터 • 100g
설탕 • 100g
박력분 • 150g
베이킹파우더 • 1ts
달걀 • 2ea
생크림 • 80g
키리쉬 • 1TB
잘게 다진 체리 • 150g

만들기

1 • 오븐은 미리 175℃로 예열해 놓는다.

2 • 베이킹 머핀팬 12구짜리에 유산지를 깔아 놓는다.

3 • 믹싱볼에 버터를 풀어 준 후 설탕, 달걀을 넣고 크림처럼 부드럽게 만든다.

4 • 버터반죽에 체 친 밀가루, 베이킹파우더, 키리쉬, 생크림을 넣고 섞는다.

5 • 잘게 다진 체리를 마지막에 반죽에 넣고 섞는다.

6 • 짤주머니에 반죽을 넣고 유산지의 ⅔ 정도 반죽을 채운다.

7 • 예열된 오븐에 넣고 약 20분 정도 굽는다.

8 • 시간이 되면 이쑤시개나 꼬치로 가운데를 찔러본 후 반죽이 묻어나오지 않으면 다 익었으므로 꺼낸다.

9 • 완전히 식은 후에 아이싱을 한다.

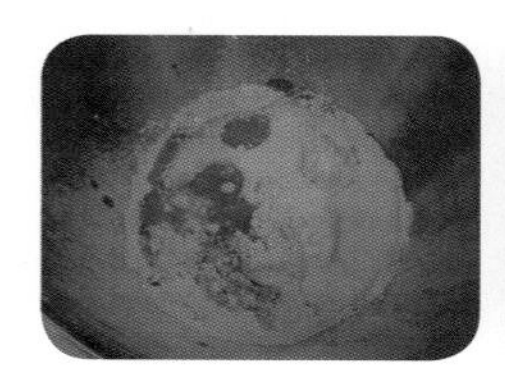

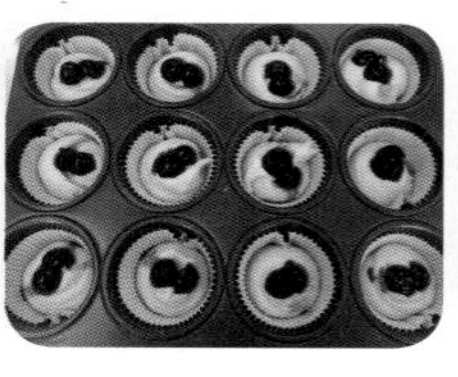

Congrats
GRAD

PART 05

• A N N I V E R S A R Y •

특별한 날 특별한 사람들과 즐기는 컵케이크

01 라즈베리코코넛 컵케이크

라즈베리의 새콤함과 코코넛의 달콤함이 잘 어울리는 컵케이크

재료

아몬드파우더 • 1TB
코코넛파우더 • 35g
설탕 • 100g
중력분 • 100g
베이킹파우더 • ½ts
녹인 무염버터 • 35g
달걀흰자 • 70g
라즈베리 • 50g
코코넛채 • 1TB

만들기

1 • 오븐은 미리 190℃로 예열해 놓는다.
2 • 베이킹 머핀팬 12구짜리에 유산지를 깔아 놓는다.
3 • 믹싱볼에 아몬드파우더, 코코넛파우더, 설탕, 체 친 밀가루, 베이킹파우더를 섞어 놓는다.
4 • 가루반죽에 녹인 버터와 달걀흰자를 넣고 섞는다.
5 • 라즈베리를 마지막에 넣고 섞는다.
6 • 짤주머니에 반죽을 넣고 유산지의 ⅔ 정도 반죽을 채운다.
7 • 반죽 위에 코코넛채를 뿌린다.
8 • 예열된 오븐에 넣고 약 20분 정도 굽는다.
9 • 시간이 되면 이쑤시개나 꼬치로 가운데를 찔러본 후 반죽이 묻어나오지 않으면 다 익었으므로 꺼낸다.
10 • 완전히 식은 후에 아이싱을 한다.

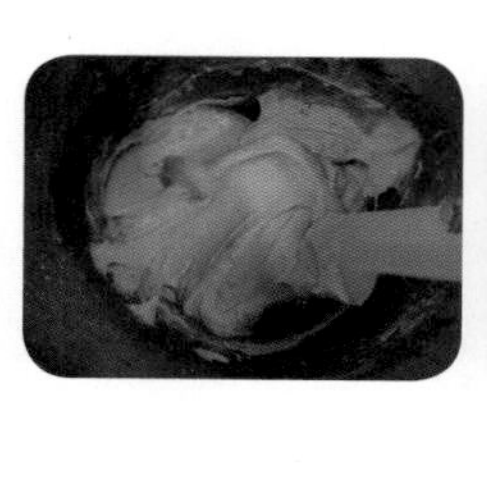

02 딸기잼을 넣은 컵케이크

딸기잼 필링이 딸기도넛처럼 흐르는 상큼한 컵케이크

재료

실온에 둔 무염버터 · 100g
중력분 · 300g
베이킹파우더 · ½ts
설탕 · 150g
오렌지제스트 · 1ts
달걀노른자 · 2ea
달걀흰자 · 2ea
우유 · 50g
딸기잼 · 100g

만들기

1 · 오븐은 미리 170℃로 예열해 놓는다.

2 · 베이킹 머핀팬 12구짜리에 유산지를 깔아 놓는다.

3 · 체 친 밀가루, 베이킹파우더를 같이 섞는다.

4 · 다른 볼에 버터를 넣고 풀어 준 후 설탕 100g을 넣고 크림화시킨다.

5 · 버터반죽에 달걀노른자를 넣고 오렌지제스트를 넣고 섞는다.

6 · 달걀반죽에 가루반죽을 넣고 우유를 중간 중간에 넣어 주면서 섞는다.

7 · 달걀흰자는 믹싱기에 넣고 남은 설탕 50g을 넣어 가면서 휘핑하여 머랭을 만들어 놓는다.

8 · 반죽에 머랭을 ⅓씩 나누어 넣어 가면서 섞는다.

9 · 짤주머니에 반죽을 넣고 유산지의 ½을 채운 후 가운데 딸기잼을 넣고 다시 반죽을 넣는다.

10 · 예열된 오븐에 넣고 약 20분 정도 굽는다.

11 · 시간이 되면 이쑤시개나 꼬치로 가운데를 찔러본 후 반죽이 묻어나오지 않으면 다 익었으므로 꺼낸다.

12 · 완전히 식은 후에 아이싱을 한다.

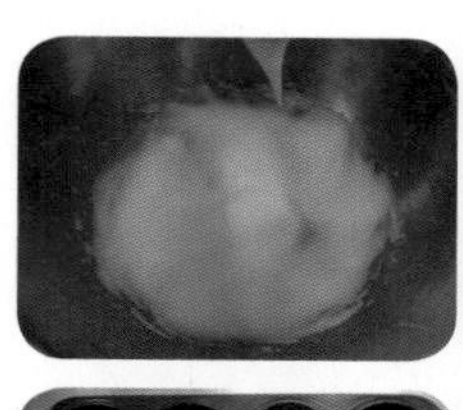
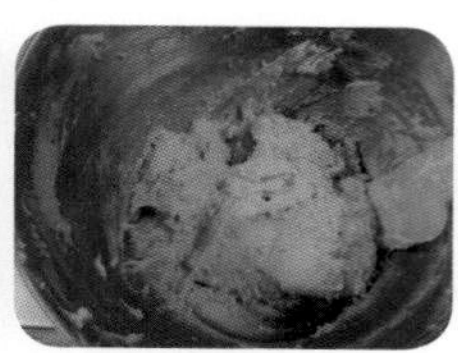

03 오렌지 & 레몬 & 라임 컵케이크

오렌지와 레몬, 라임이 몸과 마음을 가볍게 해주는 세 가지 새콤한 과일맛 컵케이크

재료

중력분 · 210g
소금 · ½ts
버터 · 150g
설탕 · 130g
레몬제스트 · 1TB
오렌지제스트 · 1TB
라임제스트 · 1TB
바닐라익스트랙 · 1ts
달걀 · 3ea

만들기

1 · 오븐은 미리 170℃로 예열해 놓는다.
2 · 베이킹 머핀팬 12구짜리에 유산지를 깔아 놓는다.
3 · 버터와 설탕을 부드러워질 때까지 크림처럼 될 때까지 잘 섞는다.
4 · 골고루 잘 섞이면 달걀을 넣고 바닐라익스트랙을 넣어 섞는다.
5 · 레몬, 오렌지, 라임제스트를 반죽에 넣는다.
6 · 체 친 중력분과 소금을 넣고 같이 섞는다.
7 · 짤주머니에 반죽을 넣고 유산지의 ⅔ 정도 반죽을 채운다.
8 · 예열된 오븐에 넣고 약 20분 정도 굽는다.
9 · 시간이 되면 이쑤시개나 꼬치로 가운데를 찔러본 후 반죽이 묻어나오지 않으면 다 익었으므로 꺼낸다.
10 · 완전히 식은 후에 아이싱을 한다.

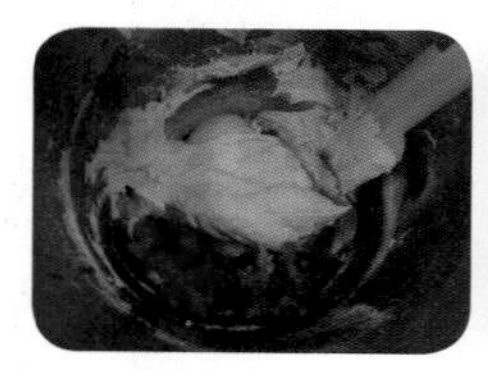

04 캐러멜 마키야또 컵케이크

에스프레소 케이크에 캐러멜이 들어간 캐러멜 마키야또 컵케이크

재료

중력분 · 150g
베이킹파우더 · 1ts
연유 · 50g
에스프레소 커피 · 25g
설탕 · 100g
달걀 · 1ea
실온에 둔 무염버터 · 50g
캐러멜 · 12ea

만들기

1 · 오븐은 미리 180℃로 예열해 놓는다.
2 · 베이킹 머핀팬 12구짜리에 유산지를 깔아 놓는다.
3 · 에스프레소 커피에 연유를 넣고 섞은 다음 식힌다.
4 · 믹싱볼에 버터를 넣고 풀어 준 다음 설탕, 달걀을 넣고 섞는다.
5 · 버터반죽에 체 친 밀가루, 베이킹파우더를 넣고 섞는다.
6 · 섞어 놓은 반죽에 커피믹스를 넣고 섞는다.
7 · 짤주머니에 반죽을 넣고 유산지의 ½ 정도 반죽을 채운다.
8 · 반죽 가운데 캐러멜을 넣고 그 위에 다시 반죽을 넣는다.
9 · 예열된 오븐에 넣고 약 20분 정도 굽는다.
10 · 시간이 되면 이쑤시개나 꼬치로 가운데를 찔러본 후 반죽이 묻어나오지 않으면 다 익었으므로 꺼낸다.
11 · 완전히 식은 후에 아이싱을 한다.

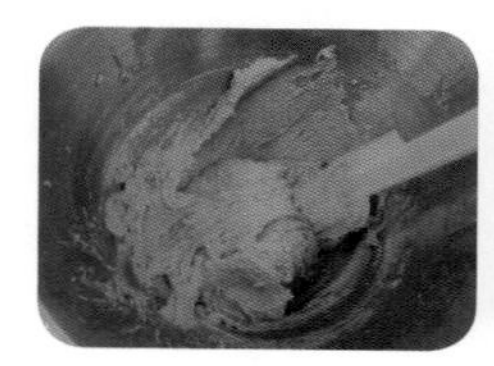

05 오렌지초콜릿 & 마시멜로 컵케이크

초콜릿과 가장 잘 어울리는 오렌지에 마시멜로의 쫄깃함을 느낄 수 있는 컵케이크

재료

실온에 둔 무염버터 · 100g
설탕 · 100g
박력분 · 150g
베이킹파우더 · 1ts
달걀 · 2ea
오렌지즙 · 1ts
오렌지제스트 · 1TB
초콜릿칩 · 50g
마시멜로 · 12ea

만들기

1 · 오븐은 미리 175℃로 예열해 놓는다.
2 · 베이킹 머핀팬 12구짜리에 유산지를 깔아 놓는다.
3 · 믹싱볼에 버터를 넣고 풀어 준 다음 설탕, 달걀을 넣고 섞는다.
4 · 버터반죽에 체 친 밀가루, 베이킹파우더, 오렌지즙과 오렌지제스트를 넣고 섞는다.
5 · 마지막에 초콜릿칩을 넣고 섞는다.
6 · 짤주머니에 반죽을 넣고 유산지의 ⅔ 정도 반죽을 채운다.
7 · 반죽 가운데 마시멜로를 넣는다.
8 · 예열된 오븐에 넣고 약 20분 정도 굽는다.
9 · 시간이 되면 이쑤시개나 꼬치로 가운데를 찔러본 후 반죽이 묻어나오지 않으면 다 익었으므로 꺼낸다.
10 · 완전히 식은 후에 아이싱을 한다.

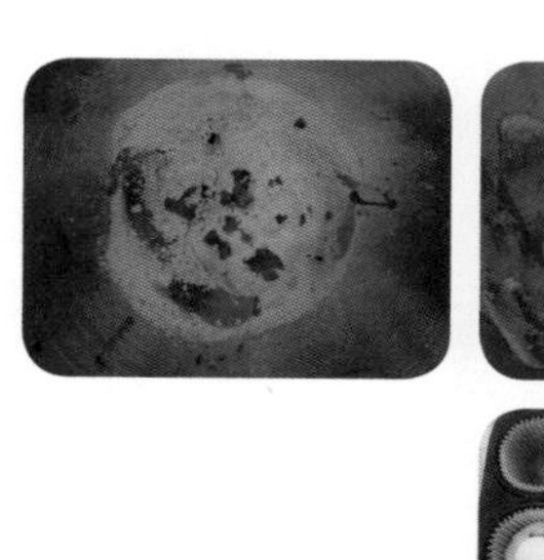
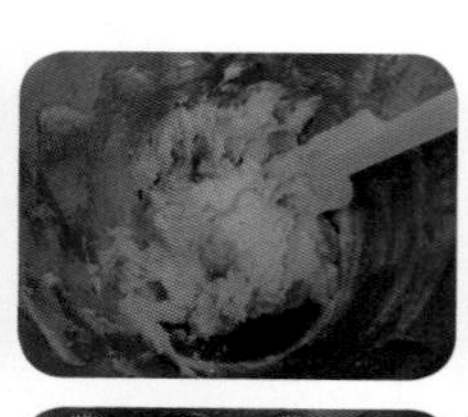
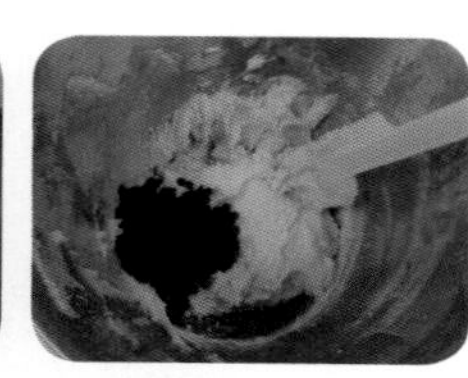

R
RABBIT

06 코코넛초코칩 컵케이크

코코넛과 초코칩의 달콤함이 어우러져 아이들에게 인기 좋은 컵케이크

재료

박력분 · 150g
베이킹소다 · ½ts
설탕 · 75g
코코넛파우더 · 50g
초코칩 · 50g
플레인요거트 · 150㎖
달걀 · 1개
식물성오일 · 4TB
(카놀라유, 포도씨유, 해바라기씨유 등)
코코넛채 · 토핑용

만들기

1 · 오븐은 미리 180℃로 예열해 놓는다.
2 · 베이킹 머핀팬 12구짜리에 유산지를 깔아 놓는다.
3 · 믹싱볼에 체 친 밀가루, 베이킹소다, 설탕, 코코넛파우더, 초코칩을 넣고 섞는다.
4 · 다른 볼에 달걀을 넣고 풀어 준 다음 플레인요거트, 식물성 오일을 넣고 섞는다.
5 · 가루반죽들을 함께 넣고 섞는다.
6 · 짤주머니에 반죽을 넣고 유산지의 ⅔ 정도 반죽을 채운다.
7 · 반죽 위에 토핑용 코코넛채를 뿌린 다음 굽는다.
8 · 예열된 오븐에 넣고 약 20분 정도 굽는다.
9 · 시간이 되면 이쑤시개나 꼬치로 가운데를 찔러본 후 반죽이 묻어나오지 않으면 다 익었으므로 꺼낸다.
10 · 완전히 식은 후에 아이싱을 한다.

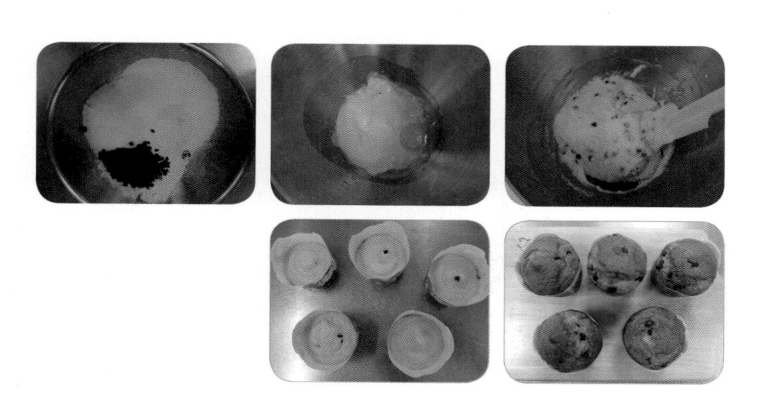

Loving
you!

07 비트 컵케이크

레드벨벳 느낌으로 색소 대신 비트를 갈아 넣어 진한 붉은빛이 나는 컵케이크

재료

식물성오일 · 6TB
(카놀라유, 포도씨유, 해바라기씨유 등)
중력분 · 280g
베이킹파우더 · 1ts
갈색설탕 · 115g
비트 간 것 · 100g
달걀 · 2ea
우유 · 175mℓ

만들기

1 · 오븐은 미리 200℃로 예열해 놓는다.
2 · 베이킹 머핀팬 12구짜리에 유산지를 깔아 놓는다.
3 · 믹싱볼에 달걀을 먼저 풀어 준 다음 식물성오일, 우유, 설탕을 넣고 잘 섞는다.
4 · 달걀반죽에 체 친 밀가루, 베이킹파우더를 넣고 섞은 다음 갈아 놓은 비트를 넣는다.
5 · 짤주머니에 반죽을 넣고 유산지의 ⅔ 정도 반죽을 채운다.
6 · 예열된 오븐에 넣고 약 20분 정도 굽는다.
7 · 시간이 되면 이쑤시개나 꼬치로 가운데를 찔러본 후 반죽이 묻어나오지 않으면 다 익었으므로 꺼낸다.
8 · 완전히 식은 후에 아이싱을 한다.

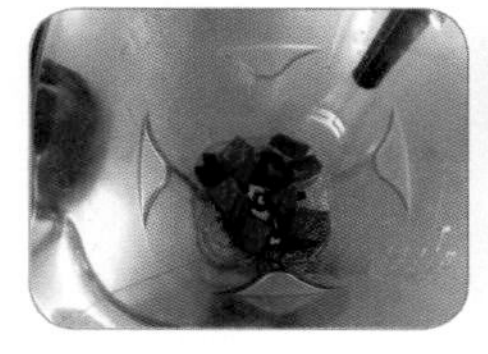

A Hat
HALLOWEEN

08 펌프킨 컵케이크

단호박의 영양과 달콤함이 케이크 속으로 쏙 들어온 컵케이크

재료

단호박 • 250g
식물성오일 • 3TB
박력분 • 140g
물엿 • 25g
소금 • 조금
베이킹파우더 • 1ts
달걀 • 2ea
우유 • 100㎖

만들기

1 • 오븐은 미리 200℃로 예열해 놓는다.
2 • 베이킹 머핀팬 12구짜리에 유산지를 깔아 놓는다.
3 • 단호박은 쪄서 으깨 놓는다.
4 • 체 친 밀가루, 소금, 베이킹파우더를 섞는다.
5 • 다른 볼에 달걀, 물엿, 우유, 식물성오일을 섞는다.
6 • 달걀반죽에 가루반죽을 넣고 찐 단호박을 넣고 같이 섞는다.
7 • 짤주머니에 반죽을 넣고 유산지의 ⅔ 정도 반죽을 채운다.
8 • 예열된 오븐에 넣고 약 20분 정도 굽는다.
9 • 시간이 되면 이쑤시개나 꼬치로 가운데를 찔러본 후 반죽이 묻어나오지 않으면 다 익었으므로 꺼낸다.
10 • 완전히 식은 후에 아이싱을 한다.

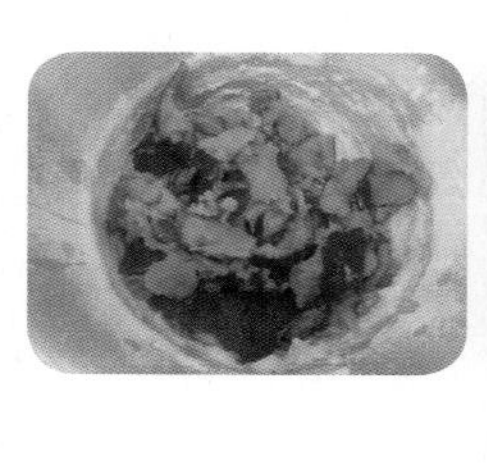
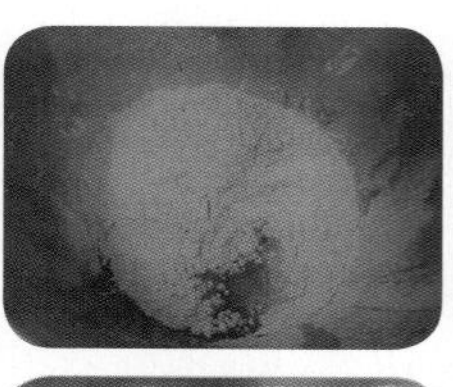
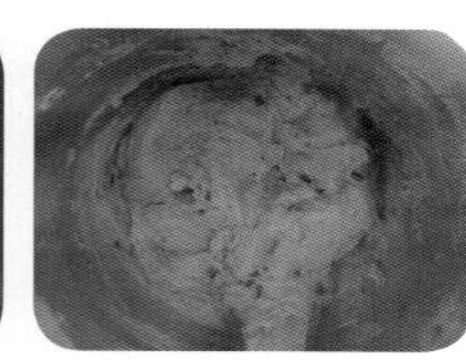

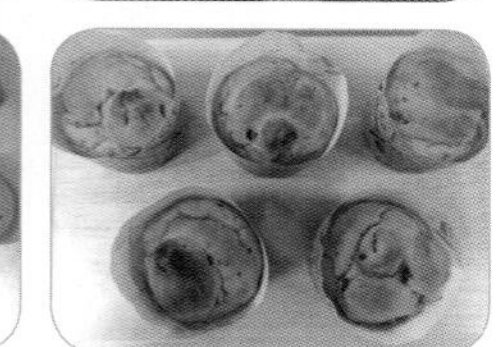

Congrats
GRAD

09 블루베리바나나 컵케이크

바나나와 블루베리가 촉촉하고 부드럽게 만난 컵케이크

재료

실온에 둔 무염버터 • 100g
설탕 • 100g
박력분 • 150g
베이킹파우더 • 1ts
달걀 • 2ea
생크림 • 80g
으깬 바나나 • 100g
블루베리 • 50g

만들기

1 • 오븐은 미리 175℃로 예열해 놓는다.
2 • 베이킹 머핀팬 12구짜리에 유산지를 깔아 놓는다.
3 • 믹싱볼에 버터를 풀어 준 후 설탕, 달걀을 넣고 크림처럼 부드럽게 만든다.
4 • 버터반죽에 체 친 밀가루, 베이킹파우더, 생크림을 넣고 섞는다.
5 • 반죽에 으깬 바나나와 블루베리를 넣고 섞는다.
6 • 짤주머니에 반죽을 넣고 유산지의 ⅔ 정도 반죽을 채운다.
7 • 예열된 오븐에 넣고 약 20분 정도 굽는다.
8 • 시간이 되면 이쑤시개나 꼬치로 가운데를 찔러본 후 반죽이 묻어나오지 않으면 다 익었으므로 꺼낸다.
9 • 완전히 식은 후에 아이싱을 한다.

10 밀크초콜릿 & 석류 컵케이크

석류의 풍부한 맛과 영양이 느껴지는 컵케이크

재료

실온에 둔 무염버터 · 100g
설탕 · 100g
박력분 · 135g
석류파우더 · 15g
베이킹파우더 · ½ts
달걀 · 2ea
석류액 · 1TB
밀크초콜릿칩 · 50g

만들기

1 · 오븐은 미리 175℃로 예열해 놓는다.

2 · 베이킹 머핀팬 12구짜리에 유산지를 깔아 놓는다.

3 · 믹싱볼에 버터를 넣고 풀어 준 다음 설탕, 달걀을 넣고 섞는다.

4 · 버터반죽에 체 친 밀가루와 석류파우더, 베이킹파우더, 석류액을 넣고 섞는다.

5 · 마지막에 밀크초콜릿칩을 넣고 섞는다.

6 · 짤주머니에 반죽을 넣고 유산지의 ⅔ 정도 반죽을 채운다.

7 · 예열된 오븐에 넣고 약 20분 정도 굽는다.

8 · 시간이 되면 이쑤시개나 꼬치로 가운데를 찔러본 후 반죽이 묻어나오지 않으면 다 익었으므로 꺼낸다.

9 · 완전히 식은 후에 아이싱을 한다.

Merry Christmas
Merry Christmas

11 코코넛 컵케이크

코코넛밀크와 코코넛파우더로 만든 코코넛 컵케이크

재료

중력분 · 175g
베이킹파우더 · 2ts
코코넛파우더 · 50g
실온에 둔 무염버터 · 75g
설탕 · 130g
달걀 · 2ea
달걀흰자 · 70g
바닐라익스트랙 · 1ts
코코넛밀크 · 75g
코코넛채 · 토핑용

만들기

1 · 오븐은 미리 175℃로 예열해 놓는다.

2 · 베이킹 머핀팬 12구짜리에 유산지를 깔아 놓는다.

3 · 믹싱볼에 체 친 밀가루, 베이킹파우더, 코코넛파우더를 넣고 섞는다.

4 · 다른 볼에 버터를 넣고 믹싱기로 풀어 준 다음 설탕을 넣고 달걀을 노른자 먼저 하나하나씩 넣고 섞은 후 흰자를 넣고 충분히 휘핑한다. 수분이 많아서 분리가 날 수 있으므로 노른자를 충분히 섞이게 한 후 흰자를 조금씩 넣으면서 휘핑한다.

5 · 바닐라익스트랙을 넣고, 버터반죽에 가루반죽과 코코넛밀크를 넣으면서 잘 섞는다.

6 · 짤주머니에 반죽을 넣고 유산지의 ⅔ 정도 반죽을 채운다.

7 · 토핑용 코코넛채를 반죽 위에 뿌린다.

8 · 예열된 오븐에 넣고 약 20분 정도 굽는다.

9 · 시간이 되면 이쑤시개나 꼬치로 가운데를 찔러본 후 반죽이 묻어나오지 않으면 다 익었으므로 꺼낸다.

10 · 완전히 식은 후에 아이싱을 한다.

Christmas Merry

12 라즈베리비스켓 컵케이크

곡물 비스켓의 고소함과 라즈베리가 만난 컵케이크

재료

곡물비스켓 · 75g
(다이제스티브)
갈색설탕 · 75g
실온에 둔 무염버터 · 100g
달걀 · 2ea
박력분 · 75g
베이킹파우더 · ½ts
라즈베리(토핑용) · 24ea

만들기

1 · 오븐은 미리 180℃로 예열해 놓는다.

2 · 베이킹 머핀팬 12구짜리에 유산지를 깔아 놓는다.

3 · 곡물비스켓을 빻아 가루로 만들어 놓는다.

4 · 믹싱볼에 비스켓가루, 버터, 설탕, 달걀, 체 친 밀가루, 베이킹파우더를 핸드믹서로 반죽을 잘 섞는다.

5 · 짤주머니에 반죽을 넣고 유산지의 ⅔ 정도 반죽을 채운다.

6 · 반죽 위에 라즈베리를 올린다.

7 · 예열된 오븐에 넣고 약 20분 정도 굽는다.

8 · 시간이 되면 이쑤시개나 꼬치로 가운데를 찔러본 후 반죽이 묻어나오지 않으면 다 익었으므로 꺼낸다.

9 · 완전히 식은 후에 아이싱을 한다.

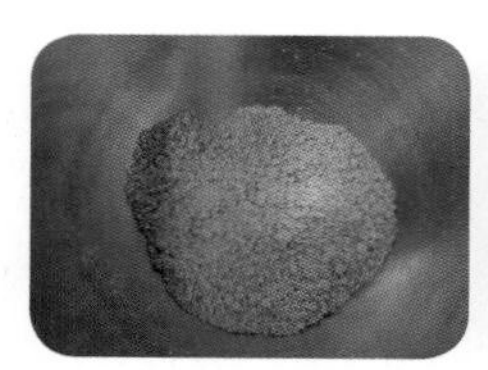
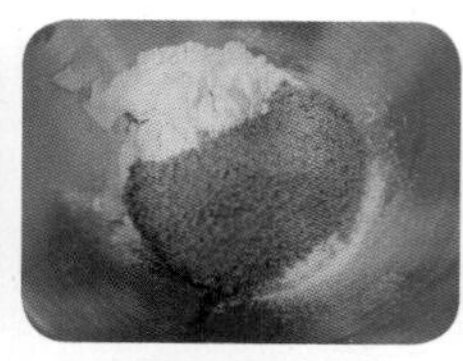
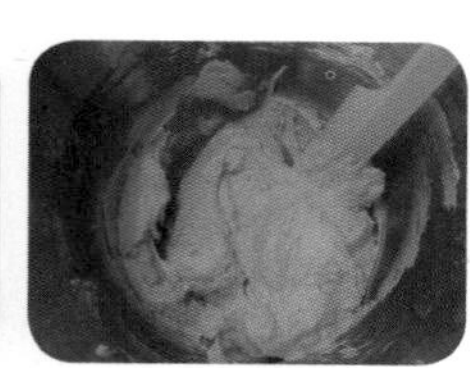

Merry
Christmas
Joyeux Noel

13 트리플초콜릿 컵케이크

세 가지 초콜릿이 주는 달콤함 그 자체가 맛있는 컵케이크

재료

녹인 무염버터 · 85g
코코아파우더 · 25g
중력분 · 250g
베이킹소다 · ½ts
베이킹파우더 · 2ts
플레인초콜릿칩 · 100g
화이트초콜릿칩 · 100g
갈색설탕 · 85g
살짝 풀어 놓은 달걀 · 2ea
사우어크림 · 300mℓ

만들기

1 · 오븐은 미리 200℃로 예열해 놓는다.

2 · 베이킹 머핀팬 12구짜리에 유산지를 깔아 놓는다.

3 · 체 친 밀가루, 코코아파우더, 베이킹파우더, 베이킹소다를 믹싱볼에 넣고 섞는다.

4 · 섞은 다음 플레인초콜릿칩, 화이트초콜릿칩, 설탕을 넣는다.

5 · 다른 볼에 풀어 놓은 달걀, 사우어크림과 녹인 버터를 섞는다.

6 · 달걀반죽에 가루반죽을 넣고 골고루 잘 섞는다.

7 · 짤주머니에 반죽을 넣고 유산지의 ⅔ 정도 반죽을 채운다.

8 · 예열된 오븐에 넣고 약 20분 정도 굽는다.

9 · 시간이 되면 이쑤시개나 꼬치로 가운데를 찔러본 후 반죽이 묻어나오지 않으면 다 익었으므로 꺼낸다.

10 · 완전히 식은 후에 아이싱을 한다.

Merry Christmas

14 체다치즈 컵케이크

체다치즈의 맛과 향이 고스란히 배어 나오는 달지 않은 컵케이크

재료

박력분 • 150g
베이킹파우더 • 1ts
체다치즈 • 50g
녹인 버터 • 50g
우유 • 100mℓ
달걀 • 1ea

만들기

1 • 오븐은 미리 200℃로 예열해 놓는다.
2 • 베이킹 머핀팬 12구짜리에 유산지를 깔아 놓는다.
3 • 믹싱볼에 체 친 밀가루, 베이킹파우더를 넣고 섞은 후 체다치즈를 넣고 충분히 섞는다.
4 • 다른 볼에 녹인 버터, 우유, 달걀을 잘 섞은 후 가루반죽을 넣고 섞는다.
5 • 짤주머니에 반죽을 넣고 유산지의 ⅔ 정도 반죽을 채운다.
6 • 예열된 오븐에 넣고 약 20분 정도 굽는다.
7 • 시간이 되면 이쑤시개나 꼬치로 가운데를 찔러본 후 반죽이 묻어나오지 않으면 다 익었으므로 꺼낸다.
8 • 완전히 식은 후에 아이싱을 한다.

Déposer les sablés sur
une feuille de papier

15 파인애플 컵케이크

생파인애플이 아삭아삭 씹히는 새콤한 컵케이크

재료

중력분 • 200g
베이킹소다 • ½ts
베이킹파우더 • ½ts
실온에 둔 무염버터 • 75g
설탕 • 150g
달걀 • 2개
바닐라익스트랙 • 1ts
사우어크림 • 75g
파인애플 • 200g

만들기

1 • 오븐은 미리 175℃로 예열해 놓는다.

2 • 베이킹 머핀팬 12구짜리에 유산지를 깔아 놓는다.

3 • 체 친 밀가루, 베이킹소다, 베이킹파우더를 섞어 놓는다.

4 • 믹싱볼에 버터를 넣고 풀어 준 다음 설탕을 넣고 설탕입자가 녹을 때까지 휘핑한다. 뽀얗게 버터가 올라오면 달걀을 넣으면서 계속 휘핑한다.

5 • 버터반죽에 바닐라익스트랙과 가루반죽을 사우어크림과 같이 넣으면서 잘 섞는다.

6 • 생파인애플을 잘게 썰어서 마지막에 넣고 섞는다.

7 • 예열된 오븐에 넣고 약 25분 정도 굽는다.

8 • 시간이 되면 이쑤시개나 꼬치로 가운데를 찔러본 후 반죽이 묻어나오지 않으면 다 익었으므로 꺼낸다.

9 • 완전히 식은 후에 아이싱을 한다.

16 쥬키니 컵케이크

신선한 호박의 맛이 살아있는 컵케이크

재료

중력분 • 150g
베이킹소다 • ¼ts
베이킹파우더 • ¼ts
시나몬파우더 • ½ts
갈색설탕 • 100g
쥬키니 • 150g
식물성오일 • 50g
달걀 • 1ea
바닐라익스트랙 • 2ts
레몬제스트 • 1TB
호두칩 • 50g

만들기

1 • 오븐은 미리 180℃로 예열해 놓는다.

2 • 베이킹 머핀팬 12구짜리에 유산지를 깔아 놓는다.

3 • 체 친 밀가루와 베이킹파우더, 베이킹소다, 시나몬파우더를 섞는다.

4 • 믹싱볼에 식물성오일, 달걀, 바닐라익스트랙, 레몬제스트를 넣고 섞는다.

5 • 오일반죽에 설탕을 넣고 잘게 채친 쥬키니를 넣어 섞은 후, 가루반죽을 넣어 섞는다.

6 • 마지막에 호두칩을 넣는다.

7 • 짤주머니에 반죽을 넣고 유산지의 ⅔ 정도 반죽을 채운다.

8 • 예열된 오븐에 넣고 약 20분 정도 굽는다.

9 • 시간이 되면 이쑤시개나 꼬치로 가운데를 찔러본 후 반죽이 묻어나오지 않으면 다 익었으므로 꺼낸다.

10 • 완전히 식은 후에 아이싱을 한다.

17 모카 머드 컵케이크

모카커피처럼 부드러운 컵케이크

재료

플레인 초콜릿 • 100g
실온에 둔 무염버터 • 125g
달걀 • 3ea
설탕 • 70g
박력분 • 75g
베이킹파우더 • ½ts
인스턴트커피파우더 • 1ts

만들기

1 • 오븐은 미리 160℃로 예열해 놓는다.

2 • 베이킹 머핀팬 12구짜리에 유산지를 깔아 놓는다.

3 • 중탕으로 초콜릿을 녹인다. 녹인 초콜릿에 실온에 둔 무염버터와 인스턴트커피파우더를 넣고 녹인다.

4 • 믹싱볼에 달걀을 넣고 풀어 준 다음 설탕을 넣고 체 친 밀가루, 베이킹파우더를 넣고 섞는다.

5 • 달걀반죽에 녹인 초콜릿반죽을 넣고 잘 섞는다.

6 • 짤주머니에 반죽을 넣고 유산지의 ⅔ 정도 반죽을 채운다.

7 • 예열된 오븐에 넣고 약 20분 정도 굽는다.

8 • 시간이 되면 이쑤시개나 꼬치로 가운데를 찔러본 후 반죽이 묻어나오지 않으면 다 익었으므로 꺼낸다.

9 • 완전히 식은 후에 아이싱을 한다.

18 피스타치오 컵케이크

피스타치오가 입안에 콕콕 씹히는 고소한 컵케이크

재료

피스타치오 • 150g
실온에 둔 무염버터 • 150g
설탕 • 3ea
달걀 • 375mℓ
박력분 • 75g
베이킹파우더 • 1ts

만들기

1 • 오븐은 미리 180℃로 예열해 놓는다.

2 • 베이킹 머핀팬 12구짜리에 유산지를 깔아 놓는다.

3 • 피스타치오를 살짝 볶아서 부숴 주거나 믹서에 갈아 놓는다. 살짝만 간다.

4 • 믹싱볼에 버터를 넣고 풀어 준 후 설탕, 달걀, 체 친 밀가루, 베이킹파우더를 넣고 핸드믹서로 잘 섞는다.

5 • 마지막에 피스타치오 부순 조각을 넣고 섞는다.

6 • 짤주머니에 반죽을 넣고 유산지의 ⅔ 정도 반죽을 채운다.

7 • 예열된 오븐에 넣고 약 20분 정도 굽는다.

8 • 시간이 되면 이쑤시개나 꼬치로 가운데를 찔러본 후 반죽이 묻어나오지 않으면 다 익었으므로 꺼낸다.

9 • 완전히 식은 후에 아이싱을 한다.

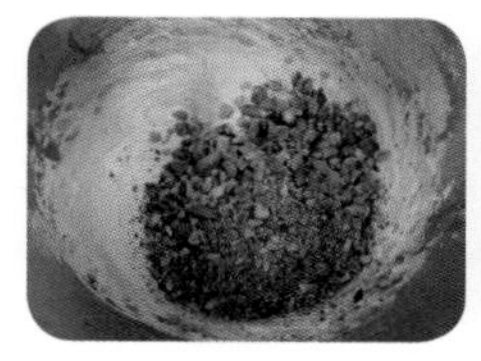

19 복분자 컵케이크

국내산 복분자를 갈아 넣은 컬러푸드 건강 컵케이크

재료

실온에 둔 무염버터 • 120g
설탕 • 120g
달걀 • 2ea
바닐라익스트랙 • 1ts
복분자 • 25g
박력분 • 150g
베이킹파우더 • ½ts

만들기

1 • 오븐은 미리 180℃로 예열해 놓는다.

2 • 베이킹 머핀팬 12구짜리에 유산지를 깔아 놓는다.

3 • 믹싱볼에 버터, 설탕을 넣고 풀어 준 다음 달걀과 바닐라익스트랙을 넣고 섞는다.

4 • 버터반죽에 체 친 밀가루와 베이킹파우더를 넣고 섞은 다음 복분자를 믹서에 갈아서 넣는다.

5 • 짤주머니에 반죽을 넣고 유산지의 ⅔ 정도 반죽을 채운다.

6 • 예열된 오븐에 넣고 약 20분 정도 굽는다.

7 • 시간이 되면 이쑤시개나 꼬치로 가운데를 찔러본 후 반죽이 묻어나오지 않으면 다 익었으므로 꺼낸다.

8 • 완전히 식은 후에 아이싱을 한다.

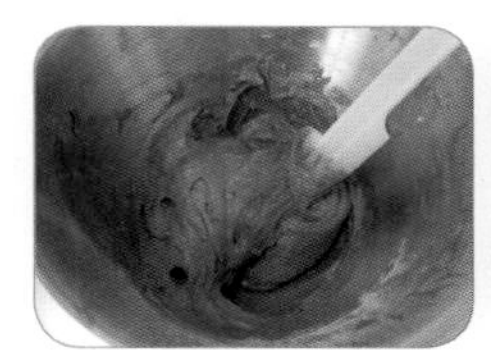

20 체리 & 아몬드 컵케이크

초코, 체리, 아몬드의 블랙포레스트 컵케이크

재료

박력분 • 150g
코코아파우더 • 2TB
베이킹파우더 • ½ts
설탕 • 100g
실온에 둔 무염버터 • 100g
달걀 • 2ea
체리 • 50g
키리쉬 • 1TB
아몬드슬라이스 • 토핑용

만들기

1 • 오븐은 미리 160℃로 예열해 놓는다.

2 • 베이킹 머핀팬 12구짜리에 유산지를 깔아 놓는다.

3 • 믹싱볼에 체 친 밀가루와 코코아파우더, 베이킹파우더를 섞어 놓는다.

4 • 다른 볼에 버터를 넣고 풀어 준 후 설탕, 달걀을 넣고 섞는다.

5 • 버터반죽에 가루반죽을 넣고 잘 섞은 다음 체리와 체리리큐르인 키리쉬를 넣고 섞는다.

6 • 짤주머니에 반죽을 넣고 유산지의 ⅔ 정도 반죽을 채운다.

7 • 반죽 위에 아몬드슬라이스를 뿌린다.

8 • 예열된 오븐에 넣고 약 20분 정도 굽는다.

9 • 시간이 되면 이쑤시개나 꼬치로 가운데를 찔러본 후 반죽이 묻어나오지 않으면 다 익었으므로 꺼낸다.

10 • 완전히 식은 후에 아이싱을 한다.

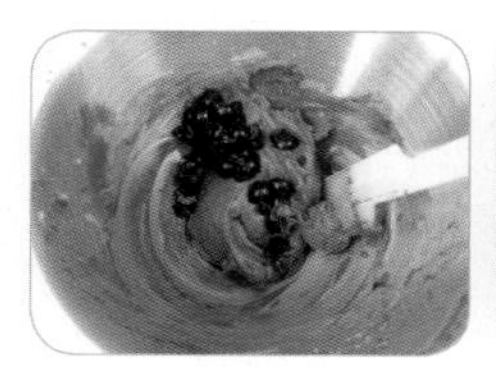

21 Low-Fat 바닐라 컵케이크

다이어트식 저지방이지만 맛있는 바닐라 컵케이크

재료

달걀노른자 • 40g
설탕 • 100g
바닐라빈씨 • ½ea
차가운 물 • 25g
박력분 • 100g
베이킹파우더 • ½ts
달걀흰자 • 150g
타르타르크림 • ⅛ts

만들기

1 • 오븐은 미리 175℃로 예열해 놓는다.
2 • 베이킹 머핀팬 12구짜리에 유산지를 깔아 놓는다.
3 • 달걀노른자를 풀어 준 후 계량한 설탕량의 ½만 넣고 크림처럼 될 때까지 핸드믹서로 저어 준다.
4 • 달걀반죽에 바닐라빈씨를 넣는다.
5 • 섞어 놓은 반죽에 체 친 밀가루, 베이킹파우더, 물을 넣고 섞는다.
6 • 다른 믹싱볼에 달걀흰자와 타르타르크림을 넣고 핸드믹서로 저어 준다.
7 • 남은 설탕을 세 번에 나눠 넣어 주고 단단하게 머랭을 올인다.
*흰자 거품이 손가락으로 찍었을 때 뾰족하게 올라올 정도
8 • 달걀반죽에 머랭을 ⅓씩 세 번 나눠 넣으면서 섞는다.
9 • 짤주머니에 반죽을 넣고 유산지의 ⅔ 정도 반죽을 채운다.
10 • 예열된 오븐에 넣고 약 20분 정도 굽는다.
11 • 시간이 되면 이쑤시개나 꼬치로 가운데를 찔러본 후 반죽이 묻어나오지 않으면 다 익었으므로 꺼낸다.
12 • 완전히 식은 후에 아이싱을 한다.

22 화이트초콜릿 & 헤이즐넛 컵케이크

달콤함이 당길 때
화이트초콜릿의 단맛이 입안에 확 감기는 컵케이크

재료

실온에 둔 무염버터 · 100g
설탕 · 100g
박력분 · 150g
베이킹파우더 · ½ts
달걀 · 2ea
바닐라익스트랙 · ½ts
화이트초콜릿칩 · 25g
통헤이즐넛 · 25g

만들기

1 · 오븐은 미리 180℃로 예열해 놓는다.
2 · 베이킹 머핀팬 12구짜리에 유산지를 깔아 놓는다.
3 · 믹싱볼에 버터를 넣고 풀어 준 다음 설탕과 달걀, 바닐라익스트랙을 넣고 부드럽게 만든다.
4 · 버터반죽에 체 친 밀가루, 베이킹파우더를 넣고 잘 섞는다.
5 · 마지막에 화이트초콜릿칩과 헤이즐넛을 넣고 섞는다.
6 · 짤주머니에 반죽을 넣고 유산지의 ⅔ 정도 반죽을 채운다.
7 · 예열된 오븐에 넣고 약 20분 정도 굽는다.
8 · 시간이 되면 이쑤시개나 꼬치로 가운데를 찔러본 후 반죽이 묻어나오지 않으면 다 익었으므로 꺼낸다.
9 · 완전히 식은 후에 아이싱을 한다.

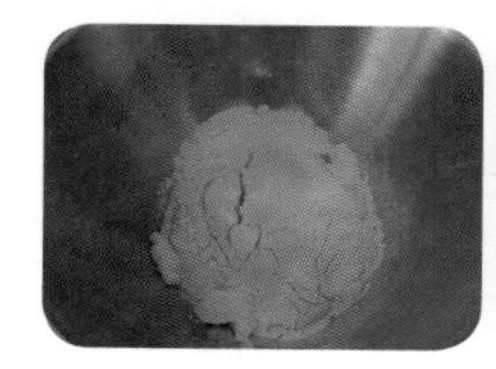

23 파인애플 업다운 컵케이크

구운 후 컵케이크를 뒤집어야 파인애플이 올려져 나오는 반전 컵케이크

재료

실온에 둔 무염버터 • 100g
설탕 • 100g
박력분 • 150g
베이킹파우더 • 1ts
달걀 • 2ea
생크림 • 50mℓ
바닐라익스트랙 • ½ts

바닥에 깔아 놓을 파인애플 소스
실온에 둔 무염버터 • 50g
파인애플 • 300g
갈색설탕 • 75g

만들기

1 • 오븐은 미리 175℃로 예열해 놓는다.
2 • 베이킹 머핀팬 12구짜리에 유산지를 깔아 놓는다.
3 • 버터와 파인애플과 설탕을 섞은 후 유산지 바닥에 한 스푼씩 깔아 놓는다.
4 • 믹싱볼에 버터를 넣고 풀어 준 다음 설탕, 달걀, 바닐라익스트랙을 넣고 섞는다.
5 • 버터반죽에 체 친 밀가루, 베이킹파우더, 생크림을 넣고 섞는다.
6 • 짤주머니에 반죽을 넣고 유산지의 ⅔ 정도 반죽을 채운다.
7 • 예열된 오븐에 넣고 약 20분 정도 굽는다.
8 • 시간이 되면 이쑤시개나 꼬치로 가운데를 찔러본 후 반죽이 묻어나오지 않으면 다 익었으므로 꺼낸다.
9 • 꺼내서 식으면 유산지를 벗겨서 뒤집어 놓는다.

포장에 따라 느낌이 색달라요~

www.Anniversary
www.Anniversary
co.kr

컵케이크 하나로
다양한 이벤트를 연출할 수 있어요~

재료 구입 및 포장 구매

www.bakingcafe.com/www.saeropack.co.kr

Delicious Cupcakes
달콤한 컵케이크

Delicious Cupcakes
달콤한 컵케이크